宁夏大学生态学丛书

银川平原湿地
芦苇生态监测与实验研究

何彤慧　郭宏玲　主编

中国林业出版社

图书在版编目(CIP)数据

银川平原湿地芦苇生态监测与实验研究/何彤慧，郭宏玲主编. — 北京：中国林业出版社，2017. 10
(宁夏大学生态学丛书)
ISBN 978 -7 -5038 -9274 -5

Ⅰ. ①银… Ⅱ. ①何… ②郭… Ⅲ. ①沼泽化地 - 芦苇 - 生态环境 - 环境监测 - 研究 - 银川 ②沼泽化地 - 芦苇 - 实验研究 - 银川 Ⅳ. ①S564

中国版本图书馆 CIP 数据核字(2017)第 221443 号

出版 中国林业出版社(100009 北京西城区刘海胡同 7 号)
http：//lycb. forestry. gov. cn
发行 中国林业出版社
印刷 固安县京平诚乾印刷有限公司
版次 2017 年 10 月第 1 版
印次 2017 年 10 月第 1 次
开本 787mm × 1092mm 1/16
印张 10 彩插 0. 5
字数 244 千字
定价 80. 00 元

主要编著者

何彤慧　郭宏玲

参加编写及野外工作

赵永全　夏贵菊　张玉峰　吴春燕　乔　斌
苏芝屯　程　志　杨永青　翟　昊　段志刚
邓　鑫　于　骥　张娟红　王茜茜　魏晓宁

前　言

从全球范围来看，芦苇是重要的湿地植物，芦苇湿地也是重要的湿地类型，在西北绿洲区的银川平原尤为如此，80%的沼泽湿地和50%左右的草甸湿地均以芦苇为建群种。湿地芦苇群落具有很高的初级生产力，发挥着大量富集、滋育低等植物、浮游生物和软体动物的作用，并且通过完善的食物链促进湿地的鱼类、甲壳类和鸟类的生息，是湿地生态系统中重要的生产者，有"第二森林"之称。与此同时，芦苇群落还具有强大的生态和环境效应，在抵御洪水、调节径流、防止水土流失、蓄水防旱、防风固沙、净化水质、控制污染、美化环境等方面都发挥着不可替代的作用。作为生物资源，则具有饲料、建材、薪柴、造纸原料、食品加工、工艺美术材料、美化环境等多种用途，具有很高的经济价值。

2000年以来，银川平原的湿地恢复和重建工程全面铺开，短短数年中，银川市就成为名副其实的"塞上湖城"，"城在湖中，湖在城中"为其形象写照。至2010年，银川平原的湿地面积占到区域总面积的近1/6，接近半个多世纪前的水平。但是在湖沼湿地面积扩张、景观优化的同时，相对稳定的湿地生态系统并未建立起来，甚至出现了明显的退化，如芦苇湿地就表现出植株矮化、叶片缩小、茎秆变细、生活力变差、萌发率下降等，使得芦苇群落在多度、盖度、密度、生物量等生态学特征方面呈现明显的退化演替趋势。这种退化带来诸多问题，如导致水鸟的栖息环境被破坏，水体自净能力下降，景观美化作用难以发挥，等等。

本研究团队自2008年始，立足于银川平原湿地生态系统结构、功能和稳定性等，在国家自然科学基金项目(41361095、40661014)、自治区林业科技专项等的支持下，开展了比较系统的湿地生态系统调查、监测和实验研究，湿地芦苇群落是其中的研究重点。针对研究对象的特征和湿地生态保护的客观需求，本团队采用面上调查、重点样地连续监测、模拟实验等方法，并结合访谈与问卷调查等，对银川平原湿地芦苇的生物学、生态学及资源条件等进行了多方位的研究，初步揭示了银川平原湿地芦苇群落的生长和动态、种间关系、水土条件、生态适应与表现类型，以及不同管理方式下芦苇的生理和生态特征，判定导致当地湿地芦苇群落退化的影响因素可能有水域水位、湿地整修方式、土壤含水量、水质、刈割方式与留茬高度、春季湖沼补水深度、湖泊整修方式、人文破坏等诸多因素，提出了银川平原退化芦苇湿地修复的措施和对策。

由于野外作业条件制约和人为干扰强烈，本研究数据的累积性和连续性还比较差。加之研究者水平有限，研究成果的深度和广度还有待于提升，错误也在所难免。敬请各位同行批评指正！

编者
2017年6月

目　录

第 1 部分
湿地芦苇研究基础

第1章
银川平原湿地概况

银川平原（图1-1）位于我国西北地区东部，宁夏回族自治区北部，西接贺兰山，东靠鄂尔多斯高原，北起石嘴山，南界吴忠灌区，地理坐标为东经105°45′~107°00′，北纬37°50′~39°20′。银川平原在地质构造上为一断陷盆地，是青铜峡和石嘴山之间的洪积冲积平原，经黄河及平原湖沼、山地洪积物等长期淤积形成。其东西宽10~50km，南北长约165km，面积7977.7km^2，海拔1100~1200m，自西南向东北平缓倾斜，地面坡降为0.6%~1%不等。由于土层深厚，地势平坦，引水方便，利于自流沟渠湖泊等湿地的形成。银川平原地处温带干旱地区，日照充足，年均日照时数约3000小时，无霜期达160天。热量资源较丰富，有效活动积温约3300℃，年平均气温8.5℃，气温日较差平均可达13℃，利于农作物的生长发育和营养物质的积累。银川平原的年降水量200mm左右，但黄河年均过境水量达315亿m^3，虽然属干旱少雨地区，但便于引水灌溉，加之光、热、水、土等自然资源配合较好，独特的自然条件造就了丰富的湿地景观，除水稻田以外的各种湿地在银川平原的覆盖度达到16.8%，总面积达13.08万hm^2。

一、湿地植物及其群落类型

2008—2015年间，本团队在相关课题支持下，对银川平原湿地进行了面上调查，主要借助卫星影像、地形图等布设基本样线和样点，采用样地法进行群落学调查，共布设样点86个，样方263个。其中草本样地均为样方，面积为1m×1m；木本样地中样方面积为4m×4m，样条面积为2m×8m。陆地群落调查内容有植物种名、个数、高度、盖度、多度、生活型等；水中群落只记录物种名及盖度。植物分类中蕨类植物按照秦仁昌系统，裸子植物按照郑万钧系统，被子植物统计按照恩格勒系统。

调查显示，虽然银川平原位于半湿润—半干旱—干旱的过渡区域，湿地植物种类和植

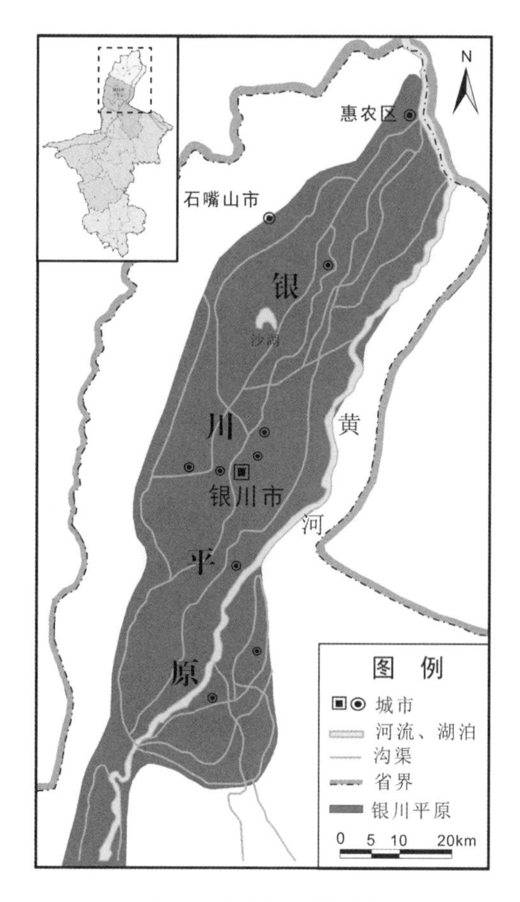

图 1-1　银川平原位置图

被类型相对周边荒漠半荒漠地区比较丰富，共有湿地维管束植物 222 种，隶属 57 科 143 属。其中蕨类植物 2 种，隶属 2 科 2 属；裸子植物 7 种，隶属 3 科 6 属；被子植物 213 种，隶属 52 科 135 属，其中单子叶植物 46 种，隶属 11 科 30 属；双子叶植物 167 种，隶属 41 科 105 属。

参照《中国植被》(1980)的分类体系，可将银川平原湿地植物群落划分为 4 个植被型组，9 个植被型，群系数百余个。常见的植被类型如表 1-1，其中既有天然湿地类型，也包括人工湿地类型，表中未列出共建群系。

表 1-1　宁夏平原湿地植物群落类型组成表

植被类组	植被型	植被群系
阔叶林湿地	落叶阔叶林湿地	沙枣(*Elaeagnus angustifolia*)林、小叶杨(*Populus simonii*)林、旱柳(*Salix matsudana*)林
灌丛湿地	落叶阔叶灌丛湿地	杠柳(*Periploca sepium*)群系、枸杞(*Lycium chinense*)群系
	盐生灌丛湿地	柽柳(*Tamarix chinensis*)群系、白刺(*Nitraria tangutorum*)群系、尖叶盐爪爪(*Kalidium cuspidatum*)群系、细枝盐爪爪(*Kalidium gracile*)群系
草丛湿地	莎草型湿地	水莎草(*Juncellus serotinus*)群系、头状穗莎草(*Cyperus glomeratus*)群系、藨草(*Scirpus triqueter*)群系、水葱(*Scirpus validus*)群系、中亚苔草(*Carex stenophylloides*)群系

（续）

植被类组	植被型	植被群系
草丛湿地	禾草型湿地	芦苇（*Phragmites australis*）群系、赖草（*Ancurolepidium dasystachys*）群系、冰草（*Agropyron cristatum*）群系、菰（*Zizania latifolia*）群系、无芒稗（*Echinochloa crus-galli* var. *mitis*）群系、蔺状隐花草（*Crypsis schoenoides*）群系、假苇拂子茅（*Calamagrostis pseudophragmites*）群系、长芒棒头草（*Polypogon monspeliensis*）群系、芨芨草（*Achnatherum splendens*）群系
	杂类草湿地	狭叶香蒲（*Typha angustifolia*）群系、长苞香蒲（*Typha orientalis*）群系、小香蒲（*Typha minima*）群系、花蔺（*Butomus umbellatus*）群系、水蓼（*Polygonum hydropiper*）群系、海乳草（*Glaux maritima*）群系、菖蒲（*Acorus calamus*）群系、节节草（*Equisetum ramosissimum*）群系、长叶碱毛茛（*Halerpestes ruthenica*）群系、花花柴（*Karelinia caspia*）群系、碱菀（*Tripolium vulgare*）群系、碱蓬（*Suaeda glauca*）群系、白茎盐生草（*Halogeton arachnoideus*）群系、盐地风毛菊（*Saussurea salsa*）群系、多裂骆驼蓬（*Peganum multisectum*）群系
浅水植物湿地	漂浮植物	槐叶苹（*Salvinia natans*）群系、浮萍（*Lemna minor*）群系
	浮叶植物	荇菜（*Nymphoides peltata*）群系、浮叶眼子菜（*Potamogeton natans*）群系、两栖蓼（*Polygonum amphibium*）群系、莲（*Nelumbo nucifera*）群系
	沉水植物	竹叶眼子菜（*Potamogeton malaianus*）群系、穿叶眼子菜（*Potamogeton perfoliatus*）群系、篦齿眼子菜（*Potamogeton pectinatus*）群系、金鱼藻（*Ceratophyllum demersum*）群系、小茨藻（*Najas minor*）群系

1. 阔叶林湿地植被型组

阔叶林湿地植被型组在银川平原湿地中只有落叶阔叶林湿地植被型，在宁夏湿地广泛分布，多见于黄河冲击平原河岸边，耐干旱、盐碱，也耐水湿，主要代表群系有沙枣群系，常在黄河沿岸一带形成沙枣林，沙枣林中夹杂分布有北沙柳（*Salix psammophila*），林下多草本，如碱蓬、拂子茅、藜（*Chenopodium album*）等。

2. 灌丛湿地植被型组

灌丛湿地植被型组主要包括落叶阔叶灌丛湿地植被型和盐生灌丛湿地植被型两种。落叶阔叶灌丛湿地植被型中主要有杠柳群系和枸杞群系，其中枸杞在银川平原广泛分布。在青铜峡库区湿地调查中发现杠柳和芦苇共生，灌丛下生长蒲公英（*Taraxacum mongolicum*）、碱蓬等。而盐生灌丛湿地植被型主要有柽柳群系、白刺群系、尖叶盐爪爪群系及细枝盐爪爪群系，这些群系在银川平原湿地中广泛分布。

3. 草丛湿地植被型组

草丛湿地植被型组是银川平原湿地中最占优势的植被型组，主要有莎草型湿地植被型、禾草型湿地植被型及杂类草湿地植被型三类。其中莎草型湿地主要有多种莎草群系，以及藨草群系、水葱群系、中亚苔草群系等；禾草型湿地包括芦苇群系、赖草群系、冰草群系、菰草群系、无芒稗群系、蔺状隐花草群系、假苇拂子茅群系、长芒棒头草群系、芨芨草群系等；杂类草型湿地包括多种香蒲群系和水蓼群系、海乳草群系、节节草群系、菖蒲群系、长叶碱毛茛群系、花花柴群系、碱菀群系、碱蓬群系、白茎盐生草群系、盐地风毛菊群系、多裂骆驼蓬群系等。芦苇群系是银川平原湿地植被中分布最广泛的植物群落，在沼泽和草甸类湿地中几乎随处可见。

4. 浅水植物湿地植被型组

银川平原浅水植物湿地植被型组包括 3 个植被型，即漂浮植被型、浮叶植被型和沉水植被型。其中漂浮植被型下主要有槐叶苹群系、浮萍群系；浮叶植被型下有荇菜群系、浮叶眼子菜群系、两栖蓼群系、莲群系等；沉水植被型下包括竹叶眼子菜群系、穿叶眼子菜群系、篦齿眼子菜群系、金鱼藻群系、小茨藻群系等，沉水植物群系是银川平原最常见的浅水植物群落。

二、湿地植被分布特征

1. 湿地植物群系数量较多，植被型相对单调

银川平原植物群系数量较多，达到百余个，以建群种出现的植物种占到重点调查湿地植物总种数的50%以上，说明湿地生境较为复杂。在植被型水平上，较之全国水平，银川平原湿地只有落叶阔叶林湿地植被型、落叶阔叶灌丛湿地植被型、盐生灌丛湿地植被型、莎草型湿地植被型、禾草型湿地植被型、杂类草湿地植被型、漂浮植被型、浮叶植被型和沉水植被型等九类，缺失针叶林植被型组下的暖温性湿地植被型、寒温性湿地植被型和竹林湿地植被型，也没有典型的苔藓类湿地植被类型存在。因此说明，银川平原湿地植物群系数量较多，但植被型则相对单调。

2. 人为影响强，人工化特征突出

银川平原湿地的人为影响强烈，由园林植被构成的群系达28个，加上4个半自然半人工化的群系，1/4以上的湿地植物群系都为人工建造的。由于人工植物群系被广泛用于湿地景观建设，或条带状、或大面积地出现在各级湿地自然保护区和湿地公园的核心区和游憩点，使得湿地植被的人工化特征非常突出，越是旅游开发程度强的湿地，人工化特征越强烈，个别湿地在移土和引种过程中还造成了外来物种入侵问题。

3. 植物群系的广布性和偶见性并存

湿地植物由于生境条件的均匀性强，往往具有广域性分布特征。在银川平原的湿地中，芦苇是分布最广和最常见的植物，据宁夏第二次湿地普查结果，银川平原2.17万hm^2的沼泽湿地面积中，芦苇沼泽湿地面积大约为1.7万hm^2。由于该次湿地普查主要立足于8hm^2以上的湿地单元，面积小于8hm^2的湖沼、沟渠、坑塘及其周边往往是芦苇集中分布地段，故此认为银川平原芦苇湿地面积应当不少于2.5万hm^2。除此以外，多枝柽柳是最广布的盐生灌丛湿地；碱蓬、狭叶香蒲、狗尾草、沙枣等群系也是常见的湿地类型。但是，也有大约30%的群系属于偶见，如蔺状隐花草群系、芦苇+荻(*Triarrhena sacchariflora*)群系等。

4. 湿地环境的盐生性明显

银川平原为干旱半干旱的大陆性气候，湿地周边因地下水位高且排水不畅，土壤的积盐过程发育，因此，湖泊湿地周边的岸堤上、低洼的下湿滩地或地下水较浅的干滩地上都为程度不同的盐碱土，湿地盐生灌丛类型比较多见，且大多数的禾草型和杂类草型湿地植物，都有较强的耐盐性。

5. 植物群落由水生性向中旱生性直接过渡

通常来说，湿地植物群落的建群种和优势种是水生植物、湿生植物、盐生植物或耐盐植物，但是由于气候干旱，土壤蒸发和植物蒸腾作用极强，水生环境和陆地旱生环境之间缺乏一个由湿生到中生的交接过渡地带，因此，银川平原湿地植物中缺少湿生、中湿生和湿中生优势种，水生植物群落往往直接与中生植物或旱生植物相邻分布。例如草丛湿地植被型中，建群植物除芦苇、水莎草、水葱等为挺水植物，水麦冬(*Triglochin palustre*)、狭叶香蒲等水生植物外，在过湿地土壤上主要生长艾蒿(*Artemisia argyi*)、车前(*Plantago asiatica*)、荠(*Capsella bursa-pastoris*)、反枝苋(*Amaranthus retroflexus*)、狗尾草(*Setaria viridis*)、虎尾草(*Chloris virgata*)、苣荬菜(*Sonchus arvensis*)等中生草本，其他均为中旱生植物或旱生植物，如冰草、苦马豆(*Sphaerophysa salsula*)、节节草、蓟(*Cirsium japonicum*)等旱生草本植物，显示了土壤水对大气水的补偿作用，也构成了湿地植被中生—旱生化的特点。

第2章 芦苇与芦苇群落

芦苇是禾本科芦苇属多年生草本植物，在自然界的生态分布幅度很广，而且很容易形成茂密的单一优势群落，在全球湿地区域广泛分布。在不同的气候地带或相同气候地带的不同生境类型下，芦苇的表现类型有着极为明显的差异，往往可以分出水生、湿生、中旱生等不同的生态型。芦苇具有较高的经济价值和生态价值，在维持湿地生态系统平衡和物种多样性方面起着重要作用(张友民 等，2005)。

一、芦苇及芦苇群落特征

1. 植物学特征

芦苇植株高大，茎秆直立，株高1~3m，最高可达4~6m。株径在几毫米到十几毫米之间。芦苇株型洒脱，叶片飘逸，具长而粗壮的匍匐根状茎，因走茎繁殖，种子繁殖方式较少，往往集成大片单一群落，素有“禾草森林”之称。芦苇叶鞘圆筒形，无毛或有细毛；叶舌短，有毛；叶片长线形或长披针形，排列成两行，光滑而边缘粗糙。叶长15~45cm，宽1~3.5cm。圆锥花序分枝稠密，向斜伸展，花序长10~40cm，小穗有小花4~7朵；颖有3脉，一颖短小，二颖略长；颖果长卵形，长0.2~0.25mm，宽0.1mm。第一小花多为雄性，余两性；第二外稃先端长渐尖，基盘的长丝状柔毛长6~12mm；内稃长约4mm，脊上粗糙(图2-1)。

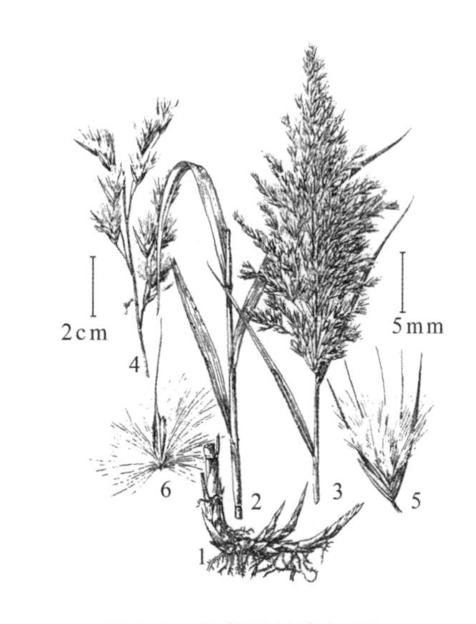

图2-1 芦苇植株素扫图

注：1~3. 植株；4. 花序分枝；5. 小穗；6. 小花。
(引自《黑龙江植物志》)

2. 生态学特征

芦苇属多年生根茎型高大草本植物，具有广泛的生态适应性，在形态上高度分化，是湿地植物群落的主要建群种。天然种群主要依靠营养繁殖补充更新，芦苇喜生沼泽地、河漫滩和浅水湖边，有旺盛的营养繁殖能力，经常形成单优种群落，芦苇也能生长在无积水的旱地生境，不论是在排水良好的草甸草原，还是地下水位较高的草甸等旱地均有分布，但其多生于低湿地或浅水中。芦苇具有横走的根状茎，在自然生境中，以根状茎繁殖为主。另外，芦苇适应性广、抗逆性强、生物量高，但由于生境条件的差异，其生长和生产常具有较大的生态可塑性(张剑，2005)，这种可塑性蕴涵着重要的生长与物质分配策略。

芦苇为喜水植物，需水性很强，诸多研究都表明：芦苇的各生态特征与水深有显著的相关关系，水深越深，芦苇的密度越小，芦苇的株高随着水深的增加而增高(王丹，2010)。但同时也有研究表明，芦苇的平均密度和平均盖度在水深0.3m时，出现明显的峰值，随着水深的变化，平均密度和盖度向峰两边递减(崔保山 等，2006)。也有研究显示芦苇的生物量和株高在水深20~40cm时达到最大值，芦苇的密度与水深没有明显的相关关系，即随着水深的增加密度可能增加也可能降低(杨晓杰，2012)。本研究过程中开展的芦苇栽培试验发现：芦苇在持续淹水生境下的长势，比在饱和含水和干湿交替生境下的长势好(详见本书第10章)，这进一步表明，芦苇适合在水分充足的条件下生长，而且水深对芦苇有显著影响。但是，由于芦苇地下根茎对地下水也有很强的吸收性，加之物种本身的可塑性，芦苇也能生长在陆地乃至荒漠地带有较好地下水埋藏的地带。因此，芦苇总体上也是半水生、半陆生的过渡型植物，可以划分出水生、陆地湿生、陆地中生乃至陆地旱生等几个不同的水分生态型，例如在塔里木盆地南缘的极端干旱区生长的芦苇，成为当地的建群植物，已是典型的旱生和盐生植物(贡璐 等，2014)。芦苇湿地也常常被认为是介于水生生态系统和陆地生态系统之间的过渡类型，其生态条件变化幅度较大，边缘效应显著，能够为大量的生物提供多样化的生存环境。

土壤盐度、酸碱度、有机质等对芦苇的影响也很大。土壤盐度主要影响了芦苇的分布和生长状况，由于人工驯化或生境适应性的差异，不同生态型的芦苇对盐度的耐受性有明显差异，范围一般在0.5%~2.5%之间，甚至可高达4%以上(Hellings S E, *et al*, 1992)。虽然芦苇对盐度的耐受性较强，但大量研究表明盐度对芦苇的影响是负面的(庄瑶，2011)。王铁良等(2008)认为盐胁迫能引起活性氧积累，活性氧对生物膜、蛋白质和核酸都具有危害作用。有研究表明随着碱溶液浓度的升高，分株高度、茎、叶、叶鞘生物量和分株生物量都表现为逐渐降低的趋势。在各数量性状和生物量分配数值中，茎生物量分配和叶生物量分配在盐分浓度间差异显著(邱天 等，2013)。土壤有机质是植被生长必不可少的，有机质中含有大量的矿质元素和微量元素，是植物生长的必备条件，各元素的比例对植物的生长至关重要，只有当各元素比例合适时，芦苇的生物量才能达到最大，生殖才能达到最佳状态。段晓男(2004)的研究表明，芦苇的生物量会随着土壤中氮含量的增加而增大；刘月杰(2004)的研究则表明，缺磷时芦苇的生长是最差的。因此，土壤矿质元素含量也是芦苇生长十分重要的条件之一。

3. 群落学特征

(1)组成特征

芦苇群落主要以芦苇为建群种，由于其分布很广，各地生态条件差异悬殊，因而有许多变种。如新疆博斯湖的芦苇变种——博斯腾苇组成的群落植物种类少，只有龙胆科(Gentianaceae)、狸藻科(Lentibulariaceae)、香蒲科(Typhaceae)、眼子菜科(Potamogetonaceae)、茨藻科(Najadaceae)、禾本科(Gramineae)和莎草科(Cyperaceae)的几种植物(陈卫 等，2007)。松嫩平原扎龙湿地的建群植物基本上也是芦苇，在常年积水的地段，长势较好，高度在3m以上，伴生有香蒲、水葱。水中有少数沉水植物如小狸藻(*Utricularia intermedia*)和狐尾藻(*Myriophyllum verticillatum*)等；在季节性积水地段，芦苇的长势较差，植株的高度在2m以下，伴生有沼生植物泽芹(*Sium suave*)、水蓼(*Polygonum hydropiper*)、稗(*Echinochloa crusgalli*)等(杨晓杰 等，2012)。内蒙古乌梁素海的芦苇群落，主要分布于湖边和滩地，面积较大，伴生植物较多，有狭叶香蒲、水葱、小香蒲等；浅水处尚有泽芹、水蓼、野稗等；积水深处，常伴生有水生植物线叶眼子菜(*Potamogeton pusillus*)和沼委陵菜(*Comarum palustre*)等(段晓男 等，2004)。

(2)结构特征

总体来看，我国北方水生芦苇群落或以芦苇为建群种构成单一植物群落，或与其他植物构成多层片、多优势种群落。其中在湖边静水地段常伴有狭叶香蒲、水葱、水蓼和泽芹；边缘浅水处尚有慈姑(*Sagittaria trifolia* var. *sinensis*)、泽泻(*Alisma plantago-aquatica*)、黑三棱(*Sparganium stoloniferum*)和稗等；深水处，有沉水层，生长有两栖蓼、眼子菜(*Potamogeton distinctus*)和穗状狐尾藻(*Myriophyllum spicatum*)等(崔保山 等，2006)。

由于生境的不同，芦苇群落的垂直结构也有所不同。在干旱的生境中，芦苇群落因植株高度差异往往可分为两个亚层；而在水域生境中，如为单优群落一般不分层，但有其他植物混生时有时可分为3个亚层，即水下层——如沉水的篦齿眼子菜，水面层——如浮叶眼子菜和水上层——芦苇。滇池潜流湿地的芦苇群落总共有7个物种，就分为3个亚层(张玲 等，2005)。李春等(2008)对拉鲁湿地主要植物群落进行的研究也发现，芦苇群落在垂直结构上分为草本层和沉水层，草本层又分为直立水面之上的挺水层和漂浮于水面之上的浮叶层。

从河西走廊和黄河中下游芦苇生态型的划分可以看出，湿地芦苇的主要生态型有沼泽芦苇、淡水沼泽芦苇、咸水沼泽芦苇、低盐草甸芦苇、高盐草甸芦苇、淡水芦苇和巨型芦苇。其中沼泽芦苇、淡水沼泽芦苇、淡水芦苇和巨型芦苇大多分布在水分充裕的湖泊湿地、沟渠上游等，而咸水沼泽芦苇、低盐草甸芦苇和高盐草甸芦苇大多分布在含盐量较高的洼地、沟渠下游以及盐碱地等。

4. 时空分布特征

(1)时间分布特征

Gorenflot 等(1972)认为芦苇可能起源于东亚或中亚，而 Bernd Blossey 则认为芦苇的世界广布是早期哥伦布时代人们从亚洲通过白令海峡带到北美。通过对芦苇起源的研究，发现芦苇遍布北美、欧洲、亚洲。芦苇被认为是北美湿地植物群落数千年来中的主要组成部分，它在过去几个世纪中已经成为一个优势种(Randolph M, *et al*, 1999)。化石证据则显示芦苇在美国西南部存在至少4万年，古生态学调查也显示芦苇分布于太平洋和大西洋沿岸也已数千年(Kristin Saltonstal, *et al*, 1999)。有研究表明，芦苇近200年本来只存在于加拿大从太平洋到大西洋的沿岸湿地(Mack, *et al*, 1996)，但近来芦苇已由密集型局部分布扩增为广泛分布。到20世纪60年代，除了南太平洋沿岸的一些地区以外，芦苇几乎遍布美国的各个州。

芦苇湿地在生物演替过程中，需要经历土壤沉积、土壤微生物及低等植物的入侵、浮游生物的繁衍、湿地环境的富积等过程，直至逐步形成高等植物群落。当发育成芦苇湿地的时候，已达到了自然生产力的最高阶段，并对人类赖以生存的生态环境有较高的调节能力(田文达，2007)。

(2)空间分布特征

芦苇是最重要的世界广布种之一，它能够在浅水湿地生态系统中形成单一的优势群落，甚至在环境恶劣的盐碱、沙漠地区也有芦苇的分布(Chambers R M, *et al*, 1999；朱学艺 等，2003；李建国 等，2004；浦铜良 等，2000)，广泛分布于温带和亚热带的湖边和河流沿岸、灌溉沟渠与沼泽地上。在我国东北地区主要分布于松嫩平原的扎龙湿地、莫莫格湿地、松花江和嫩江沿岸；三江平原的小兴凯湖、嘟鲁河下游的河滩与湖泡岸边；下辽河平原则分布于盘锦一带的双台河、大凌河的河口滩地，等等。在华北平原主要分布于白洋淀。内蒙古分布于乌梁素海、岱海、达莱湖的湖边、乌尔逊河和辉河两岸河滩。在新疆分布于博斯腾湖、乌伦古湖的湖滩和孔雀河河滩、伊犁河谷及塔城额敏河谷。亚热带分布于洞庭湖、鄱阳湖、洪湖、太湖等湖滩和长江两岸。

5. 资源价值特征

(1)生态价值

芦苇具有强状的横走茎，纵横交错形成网状，甚至在水面上都能形成较厚的根状茎层，成为植物浮岛，人、畜都可以在上面行走。芦苇具有很强的生命力，根状茎长时间埋在地下，一旦条件适宜，仍可发育成新枝，因而具有很强的保堤护土作用。

芦苇还有净化水质改善水环境的作用，广泛用于人工湿地的水质净化。芦苇对水分和盐分的适应幅度很宽，从湿润土壤到长年积水，从水深几厘米至1m以上，从盐土到微酸性土壤，都能形成芦苇群落。为适应不同的生态环境，芦苇充分发挥其自我调适能力，形成了多种多样的生态型，在银川平原，就能见到水生、湿生、盐生、沙生等不同生境下的芦苇生长。

芦苇对于湿地起到了大量富积、滋育低等植物、浮游生物和软体动物的作用，通过完善的食物链促进湿地鱼类、甲壳类和涉禽、游禽类及鸟类在生物圈的稳定。湿地芦苇植物对防止土壤沙化、减少地面蒸发、降低风速有明显的生态效益(田文达，2007)。芦苇湿地群落作为湿地生态系统的一个类型，在维持生态系统的稳定性和完整性等方面，具有水文和生物地球化学功能和蓄洪排涝功能(单鱼洋 等，2008)。当污水通过芦苇湿地系统时，芦苇能从中吸收营养物质加以利用，并能吸附和富集重金属和一些有毒有害物质，使水质得到净化(陈宜瑜 等，2003)。芦苇体内的重金属浓度可达到污水中重金属浓度的几十、几百甚至几千倍，显示其对重金属等污染物质有显著的吸附和富集作用，从而发挥滞留沉积物、有害有毒物质和富营养物质，有效降解环境的污染等作用。在芦苇体内富集的污染物质可以通过每年对芦苇的收割最终从湿地系统中去除。

芦苇能显著增加微生物的附着程度。芦苇的根茎发达，有利于微生物生长附着，芦苇床的优势菌属主要为假单胞菌属、产碱杆菌属和黄杆菌属(李科德，1995)。芦苇能增加或稳定土壤的透水性，可向地下部分输氧，根和根状茎向基质中输氧，因此可为根际中好氧和兼氧微生物提供良好环境。芦苇的根可松动土壤，死后可留下相互连通的孔道和有机物。

在芦苇湿地进行浅耕松土，一方面可改善土壤状况，另一方面可切断芦苇的根茎，达到扩大芦苇繁殖面积和增加产量的效果。芦苇既是净化水质的“清道夫”，还是保护水土的“屏障”，也是改良土壤的“良方”。芦苇生长在水中，具有从水土中吸附盐碱的功能，防止土壤次生盐渍化，具改善土壤结构的效应，在生产中，人们往往过反复的灌溉冲刷，进一步降低盐碱度，直到生地变成熟地，适合农作物生长。芦苇还能为珍稀水禽提供栖息地，是湿地鸟类和其他多种动植物繁衍生息的理想场所，并发挥调节气候、降低风速、涵养水源等方面的作用。由此可见，芦苇湿地有着十分重要的生态价值，在湿地生态系统乃至全球生态系统中扮演着重要角色。

(2)经济价值

芦苇含大量蛋白质和糖分，为优良饲料，嫩芽(芦笋)也可为人食用；苇秆笔直富含纤维，老时可直接用于席、帘等的编织，也是造纸和人造丝、人造棉的上好原料，芦苇草地有季节性积水或过湿，加之是高草地，适宜马、牛等大牲畜放牧，嫩时也是羊只的优良饲草。芦苇地上部分植株高大，又有较强的再生力，以芦苇为主的草地，生物量也是牧草类较高的，在自然条件下，产鲜草 3.9~13.9t/hm^2。每年可刈割 2~3 次。除放牧利用外，可晒制干草和青贮。青贮后，草青色绿，香味浓，羊很喜食、牛马亦喜食，晾制的干草，是家畜冬季喜食的饲料之一。芦苇在小农经济时代与农户生活关系密切，其花序可作扫帚，花絮可填枕头，全株可做燃料，从芦叶、芦花、至芦茎、芦笋等均可入药。芦苇的根状茎叫做芦根，性寒味甘，中医用其清胃火、除肺热，有健胃、镇呕、利尿之功效。现代药理证实，芦苇的叶、花、茎、根都含有丰富的药理成分——戊聚糖、薏苡素、蛋白质、脂肪、碳水化物、D-葡萄糖、D-半乳糖和两种糖醛酸以及多量维生素 B1、B2、C 等十多种，因而受到医药学界的重视。《本草纲目》谓芦叶“治霍乱呕逆，痈疽”；《本经道源》记载它有“烧存性，治活衄诸血之功”；除芦叶为末，以葱、椒汤洗净，敷之，可治发背溃烂。芦花止血解毒，治鼻衄、血崩、上吐下泻。《本草图经》记载它“煮浓汁服，主鱼蟹之毒。”芦苇既是菜肴中佳品，又能治热血口渴、淋病，《王楸药解》说它能“清肺止渴，利水通淋。”《本草纲目》记载它能“解诸肉毒”。芦茎、芦根更是中医治疗温病的要药，能清热生津，除烦止呕，古代药物书籍上都有详尽记载。颇为有名的“千金苇”茎，现在已远销海外。

(3)景观价值

芦苇有很高的景观价值，全国乃至世界各地都有芦苇湿地旅游景点，例如白洋淀景区、三门峡鼎湖湾风景区就是以水波芦苇荡为主的自然风景旅游区，又如沙家浜芦苇荡风景区、大纵湖芦苇迷宫旅游区，等等。

芦苇是禾本科植物中最具观赏性的一种，据文献资料记载，对芦苇景观的欣赏至少可以追溯到《诗经》时代，芦苇是《诗经》具体描写最多的植物，芦苇景观以规模壮大、视野辽阔等称胜，备受人们的青睐(程杰，2013)，芦苇生长在池沼、河岸、溪流、滩地等地段，是水域或水陆交界界面上的造景植物，在宁夏这样的干旱半干旱区域，其作为抗逆性极强的高大、多年生根茎类禾草，加之有较长的生活周期，景观构造作用非常强。芦苇群落四季皆能构成景色，春天里芦笋出水，生机勃勃，在绿洲纵横的沟渠体系中先行布下绿色的网格；夏日里芦苇飞长，芦荡莽莽，绿浪翻滚，生机盎然(李广红 等，2010)；夏秋之季芦苇抽穗开花，圆锥花序顶生，长达数十厘米，花枝斜向伸展开来，初为褐色，种子形成后，小穗上长出细丝状的白色柔毛——俗称苇絮，随着秋风渐凉，芦苇一天天变黄，又为辽阔的田野镶上金黄的绯边；入冬后芦苇的花一天天变白，直至在冬风中散去，芦苇花絮漫天飞舞的景色常常被比做“雪花纷飞”。

芦苇还给人一种清新、舒畅的意境，它不仅可以观色、听音，还可以赏姿、闻香，它投在水边的倒影，与水光山色组合，常常形成一幅幅生动的画面，使人浮想联翩，流连忘返。芦苇花也是秋的写照，是人生凄凉景的代表，古诗中不乏这样的记载。芦苇丛在轻风拂动下摇曳的影姿、哗哗的声响，体现了完美的动静结合，往往是艺术爱好者灵感的源泉。

芦苇除上述生态和景观价值外，是水域低地最常见植被类型，因而也是水色美景下不可或缺的元素，古代文人素以泊船苇荡，畅饮夜宿为乐。如清代宁夏地方名士王三杰所做《连湖渔歌》中，就有“哪知塞北江南地，总是芦花明月天”的佳句。又如明人胡官升的《芦沟烟雨》中有“芦花飞雪涨晴漪，烟雨溟幪望益奇”的名句，等等。

芦苇在银川平原自古即是代表性景观植物，银川郊区芦花镇、芦草洼等地名的来源即因该地有大片苇塘。同心县韦州镇地名原来称为苇州，地名来源也应如此，说明银川平原及其外围古时也有大面积的芦苇分布，并有很强的景观表征意义。

二、银川平原的芦苇和芦苇群落

1. 银川平原的芦苇与芦苇群落

芦苇在银川平原是最常见、最重要的湿地植物。据《宁夏植物志》(马德滋 等，1986)记载：全宁夏湿地芦苇目前只确定有一个种，但不排除该种有很多种以下单位，较为常见的是“紫花”和“白花”两个种以下单位，其中“紫花”芦苇高215~280cm，节顶端与上一节相接处呈紫色，基茎在5.0~6.5cm之间，节长约16~19cm；叶鞘圆筒形，叶基部内侧被白色长柔毛，叶片披针状线形，叶长约33~39cm，扁平；叶舌极短，有柔毛；圆锥花序卵状长圆形，近直立，分枝粗糙；颖片顶端呈紫色，花序长约27~38cm。“白花”芦苇高250~350cm，基茎4.5~8.0cm，节长约19~25cm，叶鞘圆筒形，叶基部内侧被白色短毛，叶片扁平，较厚，略接近披针形，长约33~46cm，叶舌平截，有毛；圆锥花序，长30~38cm。此外，在湖沼沟渠和道路两旁常见高度不足1m的小芦苇，俗称“毛苇”，也被广泛认为是芦苇的变种，其主要特征为植株矮小、种群密度较大、植株细弱、叶片窄，生产力相对较低。

据调查，银川平原湿地芦苇群落主要分布在淹水较浅的沟渠、积水洼地以及湖泊等环境中，有水域边坡上也普遍分布，水深梯度主要是在-65~120cm范围内。芦苇湿地是宁夏最为重要的湿地类型之一，约80%的沼泽湿地为芦苇湿地。芦苇群落具有很高的初级生产力，可达12.3kg/(m^2·a)，发挥着栖息地的作用，并且通过完善的食物链促进湿地的鱼类、甲壳类和鸟类的生息，是湿地生态系统中重要的生产者。与此同时，芦苇群落还具有强大的生态和环境效应，在抵御洪水、调节径流、防止水土流失、蓄水防旱、防风固沙、净化水质、控制污染、美化环境等方面都发挥着不可替代的作用。由于芦苇群落广泛分布于湖沼、沟渠、季节性积沙坑塘、荒滩地乃至沙丘等多种地形部位，因此在本区域也有“第二森林”之称，具有饲料、建材、薪柴、造纸原料、食品加工、工艺美术材料、美化环境等多种用途，经济价值显著。

2. 银川平原芦苇与芦苇群落现状

近年来，宁夏平原芦苇群落在许多分布点位都出现了明显的退化，表现为芦苇植株的矮化、叶片缩小、茎秆变细、生活力变差、萌发率下降等，使得芦苇群落在多度、盖度、密度、生物量等生态学特征降低，呈现明显的退化演替趋势。这种情形在近年来经过大规模整修的各级重点湿地尤为明显，如阅海湿地的芦苇植被面积以每年近10%的速度消失。芦苇群落的退化带来很多问题，如导致水鸟的栖息环境被破坏，水体自净能力下降，景观美化作用难以发挥，等等。由于芦苇群落退化、春季低温等原因，芦苇群落的生长状况也有下降趋势，加之可供采摘芦苇叶的面积减少，以至于本区域端午节包粽子的粽叶——即芦苇叶，近年来都呈供不应求之势。

为了准确把握研究区芦苇湿地的退化情况，本研究启动之初即针对湿地管理者、渔业生产者、垂钓爱好者、湿地周边农村群众等不同人群，采用需求调查法、访谈法等开展了系列调查，初步掌握了社会各界对银川平原芦苇湿地退化原因的评价，确定了典型退化样地。被调查者普遍都认为芦苇湿地中芦苇长势变差，大多提到植株矮化、叶片缩小、茎秆变细、枯萎提前等退化特征，关于芦苇湿地及芦苇群落退化的原因，被调查者个人背景不同，认知程度有很大差异，主要可以归结为以下几类（表2-1），本研究在对退化与未退化芦苇湿地的划分时参照了此调查结果。

表2-1 银川平原湿地芦苇退化原因社会调查结果

外界影响类型	影响因素
生态环境变化	湖泊水位下降、土壤含水量降低、水污染和水质变差等
管理和经营方式	机械刈割方式不合理、留茬高度不合适、火烧过度、春季湖沼补水深度不恰当等
其他干扰活动	人工占用使湖沼面积缩小、不合理的湖泊整修与恢复工程、农户大量使用百草枯等农药、放养草鱼过量、旅游活动（如船行浪）干扰等

第3章
湿地芦苇及其群落相关研究进展

一、芦苇的生长繁殖研究

1. 芦苇的生长特征

芦苇的整个植株可分为根、根状茎、茎、叶、花和种子6个部分。芦苇的根为纤维状，随根状茎向四面延伸，形成庞大的须根系，借以吸收土壤内的养分和水分。芦苇的根状茎即地下茎，是类似于根的地下器官，在土中横向和竖立生长，具有匍匐性，有发达的通气组织，一般分布在地层中或水下部位。芦苇的茎又称地上茎，直立生长，它的粗细、高矮因品种、土壤、养分、水分、盐分、气候条件的不同而有很大的差异，可从数厘米至数米，在西北干旱区曾有高达5m以上的芦苇记载，茎粗可达10mm以上。苇叶互生，呈披针形，有禾本科的长叶鞘，随着茎秆的生长叶片次第展开。芦苇的花絮是复圆锥花序，种子为颖果，呈长卵圆形。

芦苇在我国分布区域辽阔，遗传多样性丰富，有同属植物3种84变种和6个变型，根据水热条件和生态环境的差异可以把我国芦苇产区划分为5个地理区域即南方湖滨苇区、东部滨海苇区、北方沼泽苇区、西北干旱苇区和西南山原苇区(肖德林，2007)，各片区芦苇的生长特征不尽一致。青海柴达木地区芦苇的生长期为4月初~9月底(祁如英 等，2011)；内蒙古鄂尔多斯的芦苇也在清明节前后开始萌动，7月扬花，8月中旬结籽成熟(旗河，2012)；白洋淀芦苇的生长期在3月下旬~10月下旬，旺盛生长期为6~8月，干生物量平均为7.18kg/m^2，其中地下部分和地上部分生物量的分配大约是3∶1。较之北方地区，南方亚热带地区的芦苇在每年3月初就开始抽条展叶，香港米埔湿地则更早。

芦苇是对气候温湿变化非常敏感的植物，因此也是用作物候表征的主要草本植物之一。基于柴达木盆地的芦苇相关研究(祁如英 等，2011)显示，从1984—2004年的20余年中，萌动期在1984—1990年变化趋势不明显，1991—2007年变化趋势较明显提早；黄枯期1984—1990年间变化趋势较明显推迟，90年代黄枯期变化趋势微弱提早，2001—2007年间明显提早；生长期1984—1990年变化趋势较明显延长，90年代变化趋势微弱延长，2001—2007年间生长期变化趋势较明显缩短。基于东北盘锦湿地7个年度的芦苇物候变化显示，其萌动期变化在4月21日至27日之间；展叶盛期变动在5月9日至19日之间；开花盛期与展叶盛期变动一样有较大的年际变化，但枯萎期没有较大变化。研究表明，芦苇物候特征形成在生长季早期与3~4月平均气温显著相关，生长期晚期则与年降水量显著相关。

2. 芦苇的遗传与繁殖特征

芦苇是一种多年生克隆性禾草，根系比较浅，存在有性和无性两种繁殖方式，对合适生境的入侵性很强。一般而言，在水位差异非常显著或未曾有芦苇生长的湿地中，芦苇会通过种子繁殖首先在水位较低的区域定居，但由于种子的发芽率非常低，实验室条件下一般不足10%(李愈哲 等，2010)，种子繁殖和扩散进入新生境的几率还是比较小的，绝大多数芦苇是通过无性繁殖产生的，其地下根状茎的扩张能力可达1~1.5m/a(Haslam，1972)。芦苇的根状茎横走能力很强，对水位波动的适应性较好，尽管如此，在发芽时还是更喜欢积水较浅的土壤。芦苇在定居后，先是在湿地边缘上扩张，一旦种群稳定，便迅速以无性繁殖扩张和竞争作用，向着有更多物理因子压力的生境(刘金文 等，2000)，或者是更干旱的生境，或者是更深的乃至流动性更强的水域中扩张。

二、芦苇及其生态因子的关系研究

1. 芦苇与水分因子

水分因子是芦苇生长的重要环境因子，国内外有很多关于水深对芦苇生长影响的研究。Coops(1996)研究了水深在-20~80cm的范围内对芦苇生长及变化的影响，结果表明在此水深范围内并不显著影响芦苇的高度和基径的变化。Pauca-Comanescu(1999)的研究也指出在-22~95cm水深变化范围内对芦苇的高度和密度不会产生明显差别；而Clevering(1998)的研究则指出水深会影响到芦苇的生长速率。Deegan 等(2007)的研究发现一定程度的水位波动对芦苇生长可能起到了促进作用。仲启铖等(2014)基于崇明东滩围垦区滩涂湿地高、中、低3个水位梯度下芦苇的试验研究结果表明，在整个生长季内，单株水平上芦苇形态和生长指标总体上在中水位最优，而在种群水平，芦苇植株密度、叶面积指数和单位面积地上生物量在高水位最大；张希画等(2008)定量研究了湿地芦苇与水位的关系，并计算出适宜的水深阈值区间为-29~49cm，这为黄河三角洲芦苇生长的适宜水位提供了科学依据。由此可以看出，水位深度对芦苇生长影响的研究结果虽然并不完全一致，但作为芦苇生长的重要环境要素是不容忽视的，水深 -20~95cm可能是我国北方地区芦苇生长的适宜水深阈值，但是芦苇对水深的耐受范围远远大于这个范围，在极干旱的新疆荒漠绿洲，地下水埋深达7.32m(-732cm)的地段都有芦苇生长(付爱红，2012)，但是在-100cm以上水位下生长的芦苇一般被称为旱生芦苇，是与湿地芦苇不同的生态型。

芦苇对不同水环境因子响应状态的研究结果也是不一致的。张爱勤等(2005)研究了水量、水质对芦苇生长的影响，发现芦苇不同生长时期对水量需求不一，溶解氧(DOC)高、生化需氧量(BOD)低利于芦苇的生长。Shiori Yamasaki(1993)早在20世纪80年代就开展过芦苇对水体富养化蓝绿藻大量繁衍后的响应研究，发现藻类生物量变化引发水体中溶解氧和氧化还原电位(Eh)的变化，影响芦苇根系的发育，进而影响地上茎和叶的生长。盖平等(2002)研究了土壤含水量、水解氮、月均气温、速效钾与芦苇地上生物量有较大的灰色关联度，并指出土壤含水量、水解氮、月均气温、速效钾含量是芦苇地上生物量的影响因子，在此基础上建立了芦苇地上部生物量的回归模型。邓春暖(2012)基于松嫩平原莫莫格湿地的研究则表明：湿地水深、Na^+、HCO^{3-}含量 等3个环境因子组合对芦苇生理生态特征变异的解释量达到54.7%，说明这3个变量是影响芦苇生理生态特征变异的重要因子，其中水深是关键驱动因子。李东林(2009)的研究表明，水深、水温等水文因子与芦苇关系密切且有一定的生态阈值；王雪宏等(2008)研究发现在部分淹水状态下，水体的pH、盐分、表层水(<10cm)和深层水水温是影响芦苇种群特征的主要因素。谢涛等(2009)通过盆栽试验对黄河三角洲芦苇湿地3种生态型芦苇(淡水沼泽芦苇、盐化草甸芦苇和咸水沼泽芦苇)适宜的土壤水分条件进行了比较，淡水沼泽芦苇、盐化草甸芦苇和咸水沼泽芦苇生长适宜的土壤水分(体积含水率)下限分别为25.7%、32.0%和34.0%。张爽等(2008)的研究发现水的盐分含量会直接到影响芦苇的生物量、产量和品质。由上可知，无论是水深还是土壤含水量和盐分含量，湿地芦苇生长对其都有显著的响应。

2. 芦苇与生境盐分

芦苇耐盐性较强，可以在NaCl含量为1.5%左右的盐渍土上组成群落，在高盐生境中具有较强的竞争能力，刘月杰(2004)等的实验研究表明，尽管芦苇的盐度域值可达3.5%，但其幼苗和根茎在低盐环境下的生长速度比高盐环境下更快，正如André(2001)等认为的那样，它很可能是一种假盐生植物，种子发芽试验也说明这一点，因为萌芽率在淡水环境最高，盐度升高则逐渐降低，2%时被完全抑制，成株、幼苗、根状茎的耐盐程度较强，但临界阈值分别为4%、3%和2.5%(薛宇婷，2015)。

在生境的盐分种类方面，较之Cl^-盐分，芦苇对S^{2+}盐分的适应性相对于入侵植物互花米草(*Spartina alterniflora*)有一定差距。胡楚琦等(2015)的室内控制试验研究显示，高浓度Na_2SO_4处理对芦苇的光合能力略有损伤，而Na_2S处理对芦苇有非常明显的伤害，互花米草不仅没有伤害，可能还有一定的促进作用。

李晓宇等(2015)的研究表明：盐碱化的芦苇湿地在干旱状态下，具有干旱和盐双重胁迫特征，随着干旱胁迫时间的延长，Na^+积累越多，这与孙博等(2012)、李献宇等(2006)的研究结论一致，而且在一个生长季内，芦苇下伏土壤的pH、平均电导率、阴离子和阳离子含量等都呈下降趋势，在芦苇体内则呈富集趋势，说明芦苇可以有效降低盐碱土的pH和含盐量，而且其原理主要是芦苇土壤腐质中微生物的分解作用和胡敏酸、富里酸等强酸的中和作用。

3. 芦苇的分布及其生态型

芦苇在世界范围内的分布多种多样，陆地和水域、沙地和湿地、盐碱地与非盐碱地等完全不同的生境均有分布，但是对于湿地芦苇来说，主要的分布地带是水陆交界界面(Kettenring，2016)。而且即使是水陆交界界面，在不同的过渡性部位，芦苇的生长状况也有很大差异。在北美的湿地中芦苇的分布受环境压力因素的影响，如水深 、盐度、硫，当湿地为盐度<18mg/kg的微咸湿地时，芦苇分布广泛(Chambers，*et al*，1998)；当湿地为盐度>18mg/kg的咸水湿地时，芦苇主要分布在高海拔山地区的湿地中(Clevering，*et al*, 1998)湿地或山地范围内水体的生境下。在一定地区的不同地形部位或土地利用类型下，芦苇湿地的分布情形不尽相同，一般在水陆交界面上为高度小而多度和密度大的种群；相邻深水部位为高度大而多度与密度小的种群；相邻陆域上则为低矮细密的种群。丁蕾(2015)基于遥感、地物波谱和现场调查的黄河三角洲芦苇生物量与固碳特征研究，发现在整个生长季，芦苇生物量都是在黄河或农田旁的高于潮滩和坑塘旁的，显示不同地段芦苇分布状态有显著差异。

“生态型”是由瑞典学者 Turesson G (1922)首次提出的，是指适应于特定环境且有稳定遗传基础的某一物种的不同集群。芦苇是一种世界广布的多年生禾本科植物，适应能力强，分化程度高，在不同的环境选择压力——如水深、盐度、养分、气候等的交互影响下，发生不同程度的分化和变异，进化出了多个具有形态、生理或遗传差异的生态型。中国湿地植被编辑委员会(1999)基于芦苇的外部形态、群落结构以及生境特征，将全国范围内的芦苇已划分为新疆博斯腾湖的博斯腾苇、东北三江平原的黑龙江苇、内蒙古乌梁素海的内蒙古苇、下辽河平原的盘锦苇、江苏盐城海滨的射阳苇、河北白洋淀的白洋淀苇、洞庭湖区的岳阳苇、鄱阳湖的鄱阳苇等芦苇种、亚种、变种、变型等。任东涛等(1994)以及林文芳等(2007)通过对不同生境芦苇的形态解剖、细胞学及种群遗传结构等进行分析，将芦苇划分为4种生态型：沙丘芦苇、沼泽芦苇、重度盐化草甸芦苇和轻度盐化草甸芦苇。赵可夫等(1998)及刘月杰(2004)根据芦苇生境盐分差异将芦苇划分为淡水沼泽芦苇、咸水沼泽芦苇、低盐草甸芦苇、高盐草甸芦苇等4种生态型。张淑萍等(2003)以水、盐为联合影响因子，分析了黄河下游湿地芦苇种群形态变异规律，将该区芦苇划分为3个形态类型，即盐生芦苇、淡水芦苇、巨型芦苇。

庄瑶等(2010)系统分析了目前国内外有关芦苇形态变型性的研究成果，发现主要有以下划分方法，即是将不同地理气候区间芦苇的形态变异视为地理生态型；将同一气候区内不同生境下的芦苇形态变异视为生境生态型；将同一群丛内芦苇克隆或植株间的形态变异视为其“可塑性”。提出在进行芦苇生态型划分时要强化尺度定位、功能定位和遗传基础研究，并总结了芦苇生态型划分的主要指标体系(表3-1)。

表3-1　芦苇生态型划分的主要指标体系

指标体系	株径、株高、叶长、节间长、节间数、植物、穗长、生物量等
生境特征	盐度、水分、气候环境、养分的有效性、土壤肥力、温度、干扰作用等
遗传标记	等位酶、同功酶、染色体倍性、DNA分子标记(RFLP、RAPD、AFLP、SSR、ISSR)等
其他	解剖结构、生理生化，如RuBPase含量、RuBPase活性、光合指标等

三、芦苇的生理生态研究

有关芦苇生理生态的研究，目前集中表现在芦苇的逆境生理以及光合生理两个方面。

1. 芦苇的逆境生理生态

在芦苇的逆境生理生态方面，虽然芦苇有很强的自然调节能力，但在适应不同生境时其形态结构也会发生不同的变化，如 Chambers(1999)研究发现芦苇在高盐环境胁迫下会表现为色泽发暗，茎的节间变短、壁变厚，叶片粗糙，须根变短小并且数量减少，抽穗开花期延迟，甚至不抽穗的情况。多数植物在逆境环境下都力图通过繁殖作用来保障种群延续，但对于突如其来的盐胁迫，芦苇的生长和有性繁殖能力有所下降，但是随着胁迫时间延续，芦苇可以逐渐适应环境而在生长和有性生殖能力上有所恢复(肖燕，2011)。韩鹏等(2011)对黄河三角洲不同生境芦苇做了对比分析，研究表明，芦苇叶片结构和根的形态结构均与其生活环境有密切关系，并指出芦苇通气组织和凯式带等结构由于芦苇适应盐胁迫而发生变化，叶片维管束和根的中皮层会由于芦苇适应干旱胁迫而发生变化。

水分胁迫也是野生芦苇经常面对的问题，特别是在干旱地区。浦铜良等(2000)研究发现沙丘芦苇体内的一种特有小分子物质通过稳定光合器官而赋予沙丘芦苇较强的抵抗生境高温及干旱的能力，以此适应沙漠地带恶劣的生长环境。王俊刚等(2001)利用DNA解链荧光分析(FADU)对沙丘芦苇和沼泽芦苇开展的不同水分条件下的胁迫生理研究表明，沙丘芦苇比沼泽芦苇受到水分胁迫时的DNA损伤轻，修复快且完全。水分胁迫下芦苇的诸多生理生态因子都受到影响，王俊刚等(2002)研究发现芦苇在受到水分胁迫时，体内的多种酶(SOD、POD、CAT)活性都会发生一定的变化；王蔚等(2003)发现影响芦苇生长与渗透调节物质的变化以及抗氧化酶类活性的变化；Li(2004)则揭示了芦苇个体的株高、叶面积、株径、节间数、花序、解剖结构及生理生化过程的变化，以及芦苇叶肉细胞、茎叶组织体细胞等显微结构的变化(刘吉祥 等，2004；郭睿 等，2004)；在生理构造方面最近的研究发现芦苇茎、叶中硅化气孔(植硅体)含量都会因旱生生境胁迫而减少(高桂在 等，2017)，等等。

污染物对芦苇的生理胁迫问题近些年也受到关注。邓仕槐等(2007)利用畜禽废水胁迫芦苇，研究发现畜禽废水能够促使芦苇根系活力上升，并且表现出较强的抗逆性和耐受性。根系活力上升有利于芦苇抵抗胁迫带来的危害，增加抗氧化能力，但超氧化物歧化酶、过氧化物酶、过氧化氢酶含量的变化似乎又说明，高耗氧废水并未启动芦苇体内的生理反应系统，反而说明是一些非酶物质在发挥保护作用(肖德林，2007)。吴玉辉等(2005)对稻草制浆造纸废水对芦苇生长的影响的研究表明，在稻草制浆造纸废水灌溉桶栽芦苇试验基础上，芦苇的生长增产效果显著，芦苇对造纸废水的适应能力较强。较之畜禽养殖类废水，其他废水——尤其是化工废水的成分复杂，对芦苇的逆境胁迫往往非常强烈，特别是其中的Pb、Cd、Zn等重金属离子，能够通过复杂的生理过程破坏芦苇的膜系统，以至于使重金属离子合成到蛋白质中。

2. 芦苇的光合生理生态

在芦苇光合生理的研究方面，吴统贵等(2009)的研究表明叶绿素含量和环境因子是影响芦苇最大净光合速率动态变化的主要因素，其次是叶片营养元素P、N含量。王国生等(1989)通过盆栽实验发现了芦苇对N、P、K元素吸收利用的一般规律，为N > K > P；段晓男(2004)也研究发现野生芦苇群落的生物量随着水体氮浓度的增加而增加。郭晓云等(2003)研究发现芦苇的光补偿点和光饱和点与生境土壤条件无关，只与光照条件有关。段晓男等(2004)对乌梁素海野生芦苇光合和蒸腾特性的研究结果表明，芦苇叶片的光合速率和蒸腾速率与气孔导度呈显著正相关关系，且蒸腾速率和气孔导度的相关性更强。祁秋艳等(2012)研究发现模拟增温对芦苇的光合特征会产生显著的影响。

仲启铖等(2014)的试验研究发现，在高、中、低3个水位梯度下，生长旺期的芦苇叶片的光合能力在高水位显著低于低水位，说明水位胁迫对光合生理是有影响的，这主要是因为芦苇叶片在高水位下最大净光合速率分别比低水位和中水位降低了13.6%和22.5%，光饱和点分别比低水位和中水位降低24.5%和22.8%，但叶片暗呼吸速率、表观量子效率和光补偿点在3个水位梯度间无显著差异。崔保山等(2006)的研究则显示，在缺水胁迫下，芦苇通过降低其暗呼吸速率、减少呼吸作用对光合产物的消耗以及通过提高水分利用效率来维持其较高的光合速率。由此也说明，水位过高或过低，对于芦苇生长来说都是不利的，谢涛等(2009)的试验研究结果显示，黄河三角洲的淡水芦苇在快速生长期的土壤体积含水量合理阈值区间为25.3%~36.9%，21.5%则是其最低土壤水分耐受限度。

由于水盐共同作用于芦苇的生长，光合作用指标的变化往往是对水盐因子耦合胁迫的反应。基于崇明岛东滩不同水盐梯度下芦苇光合特征的研究表明，芦苇叶片净光合速率和最大净光合速率与土壤水盐因子高度相关，芦苇叶片通过降低最大净光合速率、暗呼吸速率、光补偿点和光饱和点等光合生理特征，来适应干旱胁迫和盐胁迫(戚志伟，2016)。同一研究还发现，-50cm的地下水埋深是水分利用效率变化的临界点，随着水位的降低，芦苇会降低叶片蒸腾速率，以较低的净光合速率来适应干旱胁迫和盐胁迫。

四、芦苇资源开发利用研究

芦苇素有“禾草森林”之称，而湿地则被称之为“地球之肾”，在维护湿地生态系统的多样性和稳定性方面有着不可替代的作用，其经济价值及生态价值不言而喻。芦苇群落的干物质产量一般在1~2kg/m^2，这是许多温带生态系统中比较显著的，奠定了较高生物多样性的食物基础(刘金文，2004)和生境条件。芦苇还具有高养分保留能力，其群落及其营造的微环境，对于污染物吸收、转化和水体净化有很大作用(吴洁婷，2011)，因而广泛用于水环境治理工程中。芦苇的茎秆和地下茎对沉积物流失和岸堤侵蚀有很强的保护作用，被广泛用于加固湖库、河库，并且能够构筑适宜野生动物栖息的生境。芦苇的景观价值则在人工湿地规划建设中被广泛利用。

芦苇与芦苇湿地的开发利用也日益受到诸多学者关注。蒋炳兴(1993)根据盐城市海涂芦苇资源的现有情况，提出了该市芦苇开发利用的方式，并就条件、产能以及可行性做了科学分析。姜化录等(1993)也就白城市芦苇资源现状对其保护和开发利用提出了建议。杨国柱等(1995)针对青海省柴达木地区芦苇草地的现状提出了保护、改良、培育和利用的措施及建议。杨富亿(1997)就芦苇湿地“鱼-苇”生态开发试验进行了研究并进行了产值分析和计算。刘树等(2006)从芦苇湿地建设、科学管理及“一育三养”技术应用等方面，对合理开发芦苇湿地资源进行论述，即在保证湿地功能不受损害的前提下，促进芦苇湿地资源由单级利用向多级利用、由生产型向效益型转化，建立复合型的芦苇湿地生态系统，以取得比较完整的综合经济、社会和生态效益。王洪禄等(2006)对不同的芦苇湿地利用方式进行了价值评估，结果表明芦苇沼泽湿地系统的价值大于开发稻田后的价值。鲁娟等(2007)阐述了芦苇的特性及开发利用，并还针对芦苇作为杂草时的防除提出对策。刘海军(2009)就洞庭湖地区芦苇资源现状提出将经济发展和生态建设有机结合，合理开发利用芦苇资源的途径。郭春秀等(2012)分析河西走廊芦苇资源利用中存在的问题，并在此基础上提出了加强保护利用的意见。刘素华等(2012)结合高产栽培技术和合理管理措施出发，从苇田综合开发利用示范区中筛选出两个适用于北方苇区的养殖模式。由上可见，芦苇湿地资源一直以来都受到人们的重视，其开发利用势必要与保护相结合，注重经济效益的同时也注重其生态效益已成为必然趋势。

作为畜牧草场的利用方式是银川平原周边半农半牧区芦苇植被最常见的利用方式。基于内蒙古鄂尔多斯芦苇草场的试验研究表明：芦苇草场适宜2次刈割，第1次刈割在6月25日，草质嫩绿，适口性好，亩产鲜草可达596.6kg，晒成干草258.3kg；7月份时逢当地雨季，雨水相对充足，草再生速度较快，到8月下旬再次打草时，再生草比原生草仅低十余厘米，而且又处于分枝生长期，适口性依然很好(旗河，2012)。

五、芦苇群落的退化与入侵研究

退化和入侵是芦苇群落表现出的两种动态变化趋势，它们各自独立存在或同时存在，这是芦苇自身生长和繁殖特征与外界环境因素相互作用的结果，在人地矛盾日益紧张的当代，表现得非常突出，如在北美表现为难以控制的扩张，在欧洲则为难以控制的衰退(刘金文 等，2004)；在大洋洲东南部，湿地芦苇则为退化与再生并存的状态(Jane，2000)。

1. 芦苇群落的退化

湖沼面积的减小，直接导致其周边芦苇群落面积的萎缩，因此，芦苇湿地退化问题在干旱缺水地区表现得尤为显著。新疆的博斯腾湖20世纪中期湖泊水位在海拔1048m左右，湖泊面积约1000km^2，容积约100亿m^3，但是由于补给来源减少等，至20世纪末，水位降到1046m以下，湖泊面积降至870km^2，容积减至不足60亿m^3；芦苇面积在20世纪60年代在8.4万hm^{2}以上，至21世纪初缩减为4万hm^2，减少了一半还多(刘月杰，2004)。甘肃民勤的青土湖曾是水波浩渺、芦苇丛生、水草丰美之地，但是随着石羊河来水的逐渐减少，芦苇植被伴随着湖泊的消亡而退化并乃至消失。

芦苇湿地萎缩的问题在三江平原地区也非常突出。三江平原是我国平原区沼泽面积最大且最为集中的地区，新中国成立后的40多年里，湿地面积减少了近340万hm^2，湿地垦殖率达64%。在欧洲，芦苇顶梢枯死是其芦苇种群衰退的主要征兆，欧洲芦苇计划(EU reed Project)将芦苇枯梢定义为“成熟群丛的显著的、不正常的、不可逆的衰退、瓦解或消失”(刘金文 等，2004)。而芦苇被其他水生植物取代的现象也是芦苇群落退化的表现之一，这种现象的出现不是一个偶然因素，而是一个由于环境条件改变引起的内部竞争的结果(Macoun，2013)，水位变化、水体富营养化、沉积物的积累等因素都可以导致其他植物在与芦苇的竞争中占据优势。湿地芦苇群落退化的主要原因可能有以下几个方面。

(1)土壤养分状况

首先是土壤有机质含量。芦苇湿地土壤有机质是衡量土壤肥力的重要指标之一，它是芦苇湿地生态系统生产力构成的重要部分，是芦苇湿地生态系统生物循环中的重要环节之一。芦苇湿地有机质主要来源于凋落物和残根的分解、根系分泌物和动物、微生物的代谢产物等。刘树等(2008)的研究表明，要促进芦苇湿地产能的持续增长，生产中必须最大限度地保护芦苇湿地残留物回归土壤，增加土壤有机质含量，培肥地力，芦苇湿地下伏土壤被干扰后，种群的各类生长和生态指标势必会发生一定的变化。段晓男(2004)通过对乌梁素海野生芦苇群落的研究指出，在芦苇生长过程中，土壤有机质的分解对芦苇没有毒害作用。只有通过合理的人工调控，形成良性生态循环，才能促进芦苇群落的高产优质。

其次是N、P、K等营养元素。N、P、K是芦苇植株构建的重要营养元素，在条件不相同时，土壤中N、P、K含量及其不同的施肥量和施肥比例对芦苇的产量有很大的影响，国内外针对营养元素对芦苇生长胁迫的研究较少。王国生等(1989)通过盆栽实验研究证实了有利于芦苇生长且获得较高的生物量的N、P、K水平应维持在N∶P∶K＝4.6∶1∶5.3。段晓男(2004)也指出野生芦苇群落的生物量随着水体氮浓度的增加而增加。盐胁迫也是影响芦苇生长的重要因素之一。芦苇作为一种中度耐盐植物(赵可夫，1998)，能在中度盐渍化的土壤中正常完成生长发育。且在一定盐度区间内，随着盐分含量的增加，芦苇幼苗的生长和生物量都会增加，进一步提高了植株耐盐性(庄瑶，2011)。然而，含盐量过高又会使芦苇色泽发暗，茎秆节间变短，叶片粗糙，抽穗开花期延迟，甚至不抽穗等等，使得其生活力变弱，生产力降低。这是由于在盐分生理胁迫下，植株形态和解剖结构发生一定的变化所造成的(张艳琳，2009；马献发 等，2011)。在高盐环境下芦苇群落的生理生态适应是否造成了种群的消退，从细胞和分子水平上国内外学者都没有明确的结论。

(2)水文水质状况

主要体现在水质、水位、水量上。水对芦苇的生长影响较为复杂，同时它也和芦苇群落所在区域内生物多样性有着直接的关系(Riis，2002)。张爱勤等(2005)的研究显示：在芦苇能够正常生长的限度内，水越深，水量越多，芦苇的株数越多，株高、株径和盖度也越大，其中水深对芦苇株数的影响最大。Coops(1996)及Pauca-Comanescu(1999)的研究均表明在一定的范围内水位不会影响芦苇的高度、密度及基径。研究时空的差异使人们对水文情况与芦苇群落的相关研究结论也不尽相同，但水作为一个重要的环境要素对芦苇生长的影响是不言而喻的。水质主要是通过溶解氧(DO)、生化需氧量(BOD)、高锰酸盐指数(COD_{Mn})和水的总硬度来对芦苇的生长产生影响(张爱勤 等，2005)。芦苇在不同的生长阶段对水位水量有不同的要求，春季冒芽需要水分，但要保持水位不要超过芦苇茬以利于萌发；夏秋季节芦苇快速生长需要大量水分，但也要保证根部呼吸(王永杰 等，2005)。

(3)人为干扰

不合理的人类活动及开发利用方式也会使芦苇及其群落遭到破坏，这在全球范围都程度不同地存在着。围垦、围湖造城、过度开发、过度践踏、行船、排污、倾倒垃圾等，都是造成湿地芦苇退化的因素。不同人为干扰因素作用下，芦苇种群和群落退化的表现不一：围垦排水使芦苇群落生长状态和生殖能力下降，功能丧失乃至死亡，植被片断化且面积不断减少；湖边的休憩活动往往导致局部生境的变化(如土壤板结、小土丘等)，形成群落间隙，使芦苇群落呈不连续状，生长和繁殖状况下降，等等。污染物导致芦苇衰退已是不争的事实，高水平营养物对芦苇茎秆有消极影响，使芦苇的茎秆对波浪和冲刷缺乏抵抗力。Rodewald-Rudescu(1974)的研究显示，硝态氮浓度在水体中<5mg/L，在沉积物中为0.3~8.0mg/100g(干重)时，芦苇能保持最佳生长状态，超出这个浓度，芦苇茎秆的厚壁组织就会明显减少；其他的发现表明NO_3-N浓度>2mg/L时，根茎和枝条之间的生物量分配随着其浓度的升高而变化，随着硝酸盐浓度的增加，地上植物部分的增长也不成比例地增加(Lippert，1999)。

2. 芦苇入侵研究

芦苇是全球广布植物，自20世纪中后期开始，在北美东部沿海的淡水和潮汐湿地出现了爆炸式的种群传播，类似的情形在澳大利亚东南部也有发生(Lisa Tewksbury，*et al*，

2001)。Elizabeth 等的研究发现：在北美海岸盐湖湿地上，芦苇的大量入侵改变了当地的植物群落组成结构，影响着湿地群落的生态完整性。一项基于高清遥感图像和遗传学评估法的最新研究(KM Kettening, *et al*, 2016)表明，芦苇的扩散主要是通过有性和无性传播——即走茎繁殖 2 种方式实现。一但单株入侵成功，很快通过克隆生殖成为片状，从而达到“殖民化”水平，在此过程中存在着遗传重组、广泛分散、稳定扩张等繁殖对策，在湿地区域，芦苇是生殖方式驱动型入侵植物中最成功的。基于 29a 遥感影像的内蒙古自治区呼和浩特市哈素海芦苇分布的研究显示，芦苇区面积从 1986 年的 10. 86km^2增大到 2014 年的 14. 98km^2，在湖域中所占的面积由 36. 68% 增加到 50. 13%，年增长率约为 0. 48%，主要的扩张区域位于湖区的北端、南端和近东岸部分区域，这些均为哈素海的浅水水域(孙标 等，2016)。

由于其本身强烈的扩张性，作为本土植物的芦苇，对外来物种入侵的抵御能力较强。基于抛荒自然混生条件下芦苇和加拿大一枝黄花(*Solidago canadensis*)竞争关系的控制实验表明(李愈哲 等，2010)：2 种植物的生态位重合较多，分布区域多有重叠，但芦苇可以以较高的平均株高和密度抑制加拿大一枝黄花生长，而同时又不受其化感作用的影响，因而具有在一定区域抵制加拿大一枝黄花扩散，可以针对加拿大一枝黄花进行有效的生态控制。

六、湿地芦苇管护研究

1. 湿地芦苇管理研究

鉴于芦苇重要的资源生态价值，湿地芦苇的管理问题近年来也被提升到科学的高度，有效的管理在很大程度上决定着芦苇湿地是否退化或能否入侵，是其发展变化的重要决定因素。

管理措施会影响到芦苇的生长，如其中的补水措施。苏雨洁(2010)的研究提出人工补水应以芦苇不同生长时期需水量为依据；黄璞祎等(2011)和李玉文等(2011)指出补水的水位影响芦苇生长的株高、密度及生物量；邓春暖等(2012)则提出生态补水时，干湿依次交替，有利于芦苇生长、提高产量。

李晓宇等(2015)等从节水和保障芦苇群落正常生长的角度，通过控制试验发现：与长期干旱和湿润条件相比，在芦苇适当的发育阶段实施 1、2 和 4 次干湿交替，可有效提高芦苇的生物量和光合速率，并积累较少的盐离子。而在 8～9 月份灌水后收割芦苇地上生物量，反复几年，可减少盐碱地中 Na^+ 的含量。而干湿交替的频次增加，会使芦苇受干旱或者淹水单次胁迫的时间减少，不仅缓解了极端水分条件对芦苇的影响，而且促进其生长发育。因此，合理的水资源管理措施和严格的辅助管理，进行湿地灌排方面的人工调控，可以起到促进湿地恢复的作用(唐娜，2006)。李建国等(2004)分析了白洋淀芦苇湿地重要性、退化状况、退化原因，提出了该区芦苇湿地的保护内容，包括保护水资源、保护芦苇群落以及保护其中动物(主要是鸟类)，并提出了保护措施。仲启铖等(2014)在对崇明东滩芦苇的单优群落的恢复问题上，提出通过季节性的水位调控，抑制竞争对手白茅(*Imperata cylindrica*)生长并促进芦苇生长。黄河三角洲地区的诸多研究都显示，水深及水深梯度是影响芦苇种群生态恢复和地上生物量差异的重要因素(唐娜 等，2006；孙文广 等，

2015)，认为湿地恢复工程蓄水应采取少量多次补水措施，补水时间也应避开水质较差时段。

比起控水技术来言，其他的芦苇管理方法和技术的研究相对比较少。梁漱玉等(2005)研究指出收割方式会影响芦苇来年的生长，主要是由于收割时对冬芽的破坏程度所造成的。邵伟庚等(2012)研究指出火烧影响芦苇生长及湿地植被的演替。Shamal 等(2007)的研究发现人为干扰如剪接芦苇茎秆将影响湿地芦苇群落的地下生物量，8 月剪切 72% 茎秆的芦苇，其地下生物量恢复速率高于 6 月剪切 60% 茎秆的芦苇。

2. 湿地芦苇修复和控制研究

(1)湿地芦苇的修复

当前，关于湿地植被恢复理论的研究相对较多(崔保山 等，1999；周进 等，2001；彭少麟 等，2003；崔丽娟 等，2011)，但对修复和控制技术的研究较少，某些实践范例经评估是有效的，但长期来看还有待于继续跟踪和评价。

2002 年启动的黄河三角洲芦苇湿地恢复工程，采用了系列化的修复工程。在工程措施方面，首先是在 3m 的平均高潮位高程线附近修建了长 9km、宽 3.5m、高 1.5m 的围堤；又在围堤内每隔 200m 修一条宽 1m、高 0.5m 的格堤，形成纵横交错并相互连通的方田；并且开挖一条长 2.5km、底宽 3m、顶宽 8m ，深 1.5~2m 的封育沟，建设水库 4 座、防潮坝 1 条和多处桥涵。在控水措施方面，从当地水文水质条件出发，于 4 月上旬引黄河水入恢复区，边灌边排，以淡压碱冲盐，直至丰水期黄河河道达到一定水位后，通过桥涵向恢复区自流灌水，10 月份下旬灌水量逐渐减少。另外还采取了限制开发活动，禁止人员和牲畜进入、防偷猎取蛋等辅助性管理措施。工程实施后的短期连续观测表明，工程方案和技术措施是比较成功的(唐娜 等，2006)。

刘月杰(2004)针对新疆博斯腾湖的生态现状并重点考虑芦苇湿地，归纳出湖滨湿地工程技术、水生植被恢复工程技术、人工浮岛工程技术、仿自然型堤坝工程技术、人工介质岸边生态净化工程技术、防护林或草林复合系统工程技术、河流廊道水边生物恢复技术、湖滨带截污及污水处理工程技术、林基鱼塘系统工程技术等 9 项湖滨带生态恢复技术。

日本琵琶湖生态修复中把芦苇群落恢复作为其中重要的路径(余辉，2016)，所在地滋贺县于 1992 年制定了《滋贺县琵琶湖芦苇群落保护条例》，2010 年进一步制定了《芦苇群落保护基本规划》，划定了芦苇保护片域，并确定了通过栽植等措施恢复芦苇植生湖岸带，与琵琶湖流域森林建设、内湖重建工程、多自然河流改造工程等一系列工程，共同支撑着琵琶湖水质改善及生态系统多样性建设。

综合来看，对芦苇湿地的恢复需要系统考虑“植被—土壤—水分”这一连续体，即一方面要对芦苇种群进行恢复，另一方面要对其生活环境进行恢复。在对芦苇种群的恢复过程中除了保护已有芦苇种群，还须注重优质芦苇种质资源的培育和利用(张友民 等，2005；王萌 等，2010)。在互花米草入侵的亚热带潮滩地上，芦苇群落恢复时应当将生境盐度保护在 8 mg/kg 以下，才能使芦苇的繁殖速度和生长得到保障(唐龙，2008)。以上对芦苇湿地的恢复多采用了工程技术措施，在实际操作过程中都结合了湿地恢复的理论，兼顾水环境和土壤环境，为芦苇的生长创造良好的条件，以营造更高更好和可持续的利用价值。

(2)芦苇扩张的控制

芦苇在北美被普遍认为是外来种，由于其强烈的无性繁殖特性，使得本土的低位盐沼植物群落被入侵以致强烈退化。美国的 Hackensack 湿地保护区就面临着面积不断减小、景观破碎化、外来物种入侵、河水污染增加、盐碱化程度增加和范围扩大等生态胁迫(陈芳清 等，2004)，其中主要的外来物种就是芦苇和千屈菜(*Lythrum salicaria*)。研究发现，芦苇近距离入侵方式是地下茎克隆扩散，而影响这种扩散的主要因素是土壤的透气条件和还原性物质，如硫化氢等，透气性差的土壤中硫化物浓度较低高，可以限制芦苇地下茎的生长，因此在当地的湿地恢复工程中，通过提高沼泽地水位进行芦苇扩展的控制，同时及时清除其幼苗来阻挡其定居。

疏浚、灌排水、燃烧、放牧和收割等方法虽然能控制芦苇的扩张，但是其或者工程量巨大，或者效应短暂，甚至可能还促进了芦苇根茎的扩散，因此在土地整治和利用中，更多地采用化学农药除苇技术。最常用的农药是草甘膦除草剂，一般在每年生长季末期的 8 月下旬到 10 月(即下霜之前)进行喷撒，能在第二年产生较好的控苇作用，但如果第二年不连续处理，到第三年则会恢复到原来的扩张状态。采用草甘膦农药处理和农药处理后火烧的两组对照地上的实验表明，4 年后两种处理下的非潮汐湿地上，芦苇丰度和植物生物多样性都大大减少，但土壤动物多样性变化不大(M Stephen Ailstock，*et al*，2001)。研究也表明，除非根除芦苇，否则不可能从根本上阻止芦苇的卷土重来。

第4章 银川平原湿地芦苇监测与实验研究方法

一、湿地芦苇监测与实验研究目标

植被监测是对选定的植物群落，开展多种周期的生物学与生态学因素——包括物种组成、种群高度（株高）、多度（数量）、密度、茎粗（针对木本植物）、生活力、生物量、季相、生境特征等监测调查，形成时间上或空间上连续的监测数据，在积累一定的数据量以后，可以通过数据分析，揭示植物群落的生态特征、生态功能及其变化，为更好地保护和利用植物资源奠定科学基础。

湿地芦苇群落定点定位监测实际上也是湿地生态系统定位监测的组成部分。湿地生态系统定位监测是通过在重要的或典型的湿地区，建立长期观测点与观测样地，对湿地生态系统的生态要素及组成特征、生态功能及人为干扰等进行长期定位观测，从而揭示湿地生态系统发生、发展、演替的作用机理与调控方式，为保护、恢复、重建以及合理利用湿地提供科学依据。

银川平原的湿地研究工作中，长期以来比较注重对湿地类型、湿地群落类型、各类型面积、湿地生物组成和分布等方面的研究，对于湿地生物群落——尤其是湿地植物群落缺乏系统的监测、调查和评价，湿地恢复和保护工作一直停留在对湿地面积、水质、水生生物种类关注的层面上，湿地植物与植物群落有怎样的生长和组成特征？如何科学配置物种？有怎样的变化规律？人为经营方式的合理性等问题都需要从监测和调查入手，开展分析和研究，方能给出有科学意义的答案。芦苇群落作为区域湿地的代表性群落类型，在区域湿地保护和恢复中具有重要价值，而湿地芦苇群落的退化问题近年来也非常突出。以湿地芦苇群落为范例开展湿地植物群落的监测分析研究，不仅可以解答芦苇群落保护、恢复、利用中面临的诸多问题；而且可以通过技术方法方面的探索实践，为今后开展湿地生态系统定位监测、湿地生物群落调查研究、湿地保护和管理技术方案制定服务。

二、芦苇群落的野外样地监测

1. 原生芦苇群落样地的长时段监测

为便于标本采集和当日处理，本研究样地主要布设在银川市附近。在2009—2010年面上调查的基础上，2011年，选择在鸣翠湖、阎家湖、宝湖、艾依河、阅海(阅海北湖)、丽子园、流芳园湖、文昌双湖和兴庆湖等9个湖沼作为监测重点。实验样地在选择时避开了人类活动较为频繁的区段，选择受人为干扰相对较少，生境比较稳定，并重点考虑水深梯度和兼顾芦苇的生长状态，进行布样。2011年5月初布设样地16组，每组3个，即一个样地三个重复，样地面积为$1m^2$(1m×1m)，在样地四角设置标帜杆，并用红布条圈住。当年秋天，因人为破坏仅保存13组。分别为样点1—艾依河；样点2—宝湖1；样点3—宝湖2；样点4—丽子园1；样点5—丽子园2；样点6—鸣翠湖1；样点7—鸣翠湖2；样点8—鸣翠湖3；样点9—阎家湖1；样点10—阎家湖2；样点11—阎家湖3；样点12—文昌双湖；样点13——阅海。其中，鸣翠湖样点2和鸣翠湖样点3属于退田还湖样点，退田还湖时间为2年。到2012年春季，上述样地还剩下11组；2013年仅剩下9组。最终完整完成3年连续观测的只有艾依河、丽子园、鸣翠湖、文昌双湖和阅海等5个湖泊的7个样地。

针对上述固定原生芦苇群落样地，主要开展了生长季的周期性生态监测，监测频率为每月一次，监测指标有多度(密度)、盖度、高度、展叶数、节间数、株径等，并采用标准株法获取地上生物量，带回实验室后称鲜重与烘干称重，并扫描叶面积。水质和土壤特征数据按年度采样并处理和测定。本监测的目的一是搞清芦苇种群和群落的年际、年内变化过程，了解导致这种变化过程的原因；二是发现不同生境梯度下芦苇生长特征的差异性，以确定银川平原芦苇不同的表现型。

2. 人为干扰芦苇群落样地监测

选取阅海北湖、流芳园湖和丽子园湖的芦苇丛，于2013年1月在冰上布样，每个湖圈定3组各5个1m×1m的小样地，对样地上的芦苇进行不同管理方式的收割，即留茬0cm(齐冰面)、留茬10cm、留茬20cm、留茬30cm、留茬40cm和不收割。当年4月，又在上述样区进行了火烧处理试验，圈定了火烧组和未火烧组样方，面积均为为1m×1m，每个样点做3个重复。从4月中旬至10月上旬，每隔半个月进行一次监测并采样，监测内容主要包括芦苇的多度(密度)、盖度、高度、展叶数、节间数、株径、生活相等，并记录样方内其他植物物种的名称、多度、盖度、高度、生活型以及水深等。同时，每个样点均匀采集每种植物的5个标准株带回实验室，将叶、茎(包括叶鞘)、穗分开分别称鲜重，扫描计算叶面积后，置于烘箱烘干至恒重后称量其干重。本实验的目标是了解收割、过火等人为经营管理方式对湿地芦苇群落生态的影响，挖掘人为影响因素的作用规律。

三、银川平原芦苇退化问题的社会调查

银川平原湿地芦苇群落的退化问题市民反映已久，尤其是城市湿地公园的芦苇群落退化，早在2009年已引起相关单位的重视，并有媒体进行了报道(见附图1)。表现最为突出的是阅海湿地，有消息称“阅海国家湿地公园的湿地原生植被芦苇、蒲草每年以10%~12%的速率消减，核心区栖息的鸟类数量也在减少”。为此，“阅海实业集团公司和阅海湿地保护管理站积极开展湿地保护工作，专门划定了核心严管区，并对进出核心严管区的10条水道进行封闭，设定封育牌警示。同时，阅海国家湿地公园还作出四项规定：核心严管区内严禁各类游船(包括电瓶船、脚踏船)进入；核心严管区内严禁各种垂钓、捕捞、观鸟等经营活动；对燕鸥栖息岛严禁垂钓、严禁游客进入；严禁采打湖面芦苇和叶片，严禁破坏湿地水生植物。另外，阅海国家湿地公园在做好巡护检查和加大处罚的基础上，还将积极开展阅海湿地破碎、漂浮芦苇墩的抢救与保护的研究和相关工作。”

2013年端午节期间，银川市芦苇叶市场销售价达到4~5元/kg，是上一年度价格的1倍左右，银川市民对此反应非常强烈。本课题组结合这一问题，采用需求调研法对银川平原湿地保护和管理相关单位的工作人员进行了小范围的问题调研，结果表明，多数人认为这种现象的出现是湿地水资源短缺、面积萎缩、污染加剧等资源环境问题影响下，湿地芦苇群落退化的结果；但也有少部分人认为这是湿地纷纷被圈地保护后，禁采苇叶的结果。

为了准确把握银川平原湿地芦苇群落的退化情况，我们又针对湿地管理者、渔业生产者、垂钓爱好者、湿地周边农村群众等不同人群，开展了大范围的访谈调查。由于被调查者个人背景不同，对芦苇退化问题的认知程度有很大差异，详见表2-1。通过调查并结合连续3年的群落调查和监测，确定了湿地芦苇的退化和未退化样地。

四、芦苇群落的区域综合调查

在针对芦苇群落退化问题开展广泛社会调查工作的基础上，于2013年7~8月，对银川平原湿地芦苇群落的生长状况和生态，做了一次撒网式的综合调查，调查点位见图4-1，涉及17个湖沼的60余个样点，每个样点做3个样方。调查中采用1m×1m的样方，观测指标包括芦苇的多度(密度)、盖度、高度、展叶数、节间数、株径、生活期等，并记录样方内其他植物物种的名称、多度、盖度、高度、生活型以及水深等，取回的芦苇样测定其叶面积、生物量及平均株径。取回的土样测定其含水量、土壤全盐、土壤pH、土壤全氮、土壤速效氮、速效磷、速效钾和土壤有机质等。本实验旨在全面掌握银川芦苇种群和群落的生物学和生态学特征，掌握群落退化与否的总体状况。

五、芦苇的栽培实验

选择几种不同质地的土壤，分别置于规格为45cm(长)×30cm(宽)×25cm(高)的透明塑料盒中，在盒子的侧面贴上带有刻度的纸制坐标纸条，每个盒子中的土层厚度约为8cm，再将芦苇的根状茎按照相同的数量等特征埋于土壤中。主要取原位土(取自宝湖)做

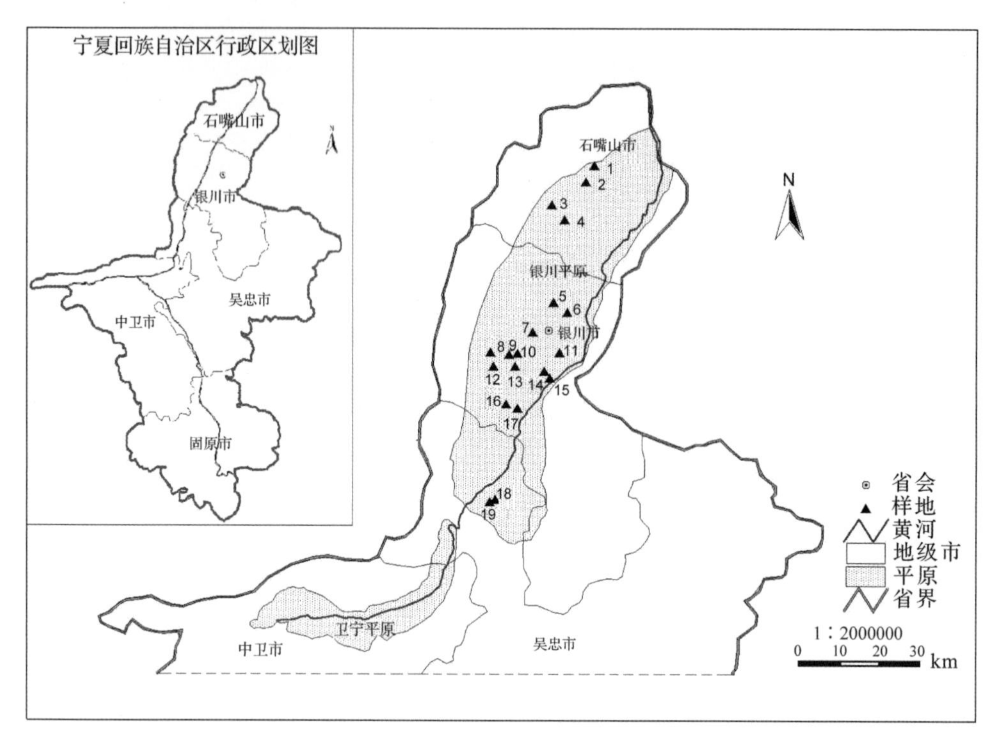

图 4-1 银川平原芦苇群落区域综合调查点位示意图

注：1. 简泉湖；2. 星海湖；3. 镇朔湖；4. 沙湖；5. 贺兰县；6. 阅海；7. 文昌双湖；8. 艾依河(沿线)；9. 唐徕渠(沿线)；10. 丽景湖；11. 阎家湖；12. 鸣翠湖；13. 永宁县杨显村；14. 鹤泉湖；15. 青铜峡鸟岛入口；16. 鸟岛中心湖区；17. 贺兰县清水湖。

4 组不同淹水状况的处理，即持续淹水约 8cm(达到盒子的最大高度)、间歇性淹水(每次待表层土略带干燥，芦苇表现出不良的生长态势时灌水)、对照处理为饱和不淹水(即水面与土面基本持平)，每组处理 3 个重复，每 1～2 天观察其水分状况进行补水(统一为机井地下水)，每 1 周统计其多度，每 2 周统计芦苇的多度(密度)、盖度、高度、展叶数、节间数、株径、生活相等，并记录盒子内其他植物的状况。于 7 月中旬对其生物量进行一次调查。本实验目的是模拟目前主要的湿地芦苇栽培方式，研究不同生境配置下芦苇种群和群落恢复的状况。

六、主要分析指标及其测定

对于生态因子与植物群落生态指标，不同的研究内容有所差异。本研究在调查时采用的主要生态因子有：水深、土壤全盐、土壤 pH、土壤全氮、土壤速效氮、速效磷、速效钾和土壤有机质等；芦苇群落的主要生长指标有：鲜重、干重、叶干重、茎干重、叶面积、叶长、叶宽和平均株径等；主要群落学指标有多度、密度、高度、生物量等。

生态指标的测定是在每次进行样方调查时用卷尺测定样方所在处的水深 3 次，求得平均值作平均水位，未浸水样地用土壤饱和含水量的土壤垂直深度作为平均负水位；同时，再用塑封袋采取不同深度土样(底泥或土壤含水量饱和处取 20～40cm 深度土样)带回实验室避光晾干混匀研磨后进行分析，用电导率仪测土壤全盐含量；用 pH 计测土壤 pH；土壤的营养元素主要测定了有机质、全氮、全磷、速效磷、速效氮、速效钾的含量，其中，凯氏定氮法测定全氮；重铬酸钾容量法测定有机质；氢氧化钠熔融—火焰光度计法测定全钾；氢氧化钠熔融—钼锑抗比色法测定全磷；碱解扩散法测定速效氮；碳酸氢钠熔融—钼蓝比色法测速效磷；中性醋酸钠熔融—火焰光度计测速效钾。

光合生理指标的测定是于 7 月中旬选取一个天气晴朗的日子，选取长势相近的芦苇植株的顶端向下第三片充分展开叶，尽可能保持叶片在植株上的自然受光态势，利用 CTRAS-2 光合测定分析仪(美国 PP SYSTEMS 公司生产)测定其净光合速率(Pn)、蒸腾速率(Tr)、气孔导度(Gs)、胞间 CO_2 浓度(Ci)。测定时间在 8:00 ~ 18:00(因天气情况有变通)，重复 3 次。

样方调查时野外测量芦苇样方的平均高度，并对植物样方进行芦苇采样带回实验室处理。在实验室使用天平称取植株鲜重；摘取芦苇叶片，然后测量其叶长、叶宽；运用扫描仪将植物叶片进行扫描，然后用软件 DT-scan 计算叶面积；用电子游标卡尺分别测定样品基部茎宽，然后求出平均株径的宽度。生物量测定根据试验设计在生长季采用标准株法采样，在生长季末采用收割法采样，带回实验室称取并折算鲜重；将样品的茎和叶分别装入锡箔纸袋，放入烘箱 65℃烘干至恒重，得出每个样方的总干重、叶干重以及茎干重。

在分析时，主要运用 Excel 2007 对样方进行统计并得出了芦苇种群的年内生长动态，运用 Systat Sigmaplot 12.0 对芦苇种群的生长指标进行聚类分析和拟合曲线分析，运用 SPSS 17.0、19.0 等软件对每个样地不同月份相同的生态因子和生长指标进行相关性分析和主成分分析，分析的过程中使用了芦苇生物学指标的平均值与生态因子指标并剔除了数据异常值，然后对各个样地的生态因子进行综合分析，得出结论。

第 2 部分
芦苇及其生态特征

第5章 银川平原湿地芦苇生长特征

芦苇作为多年生根茎型无性系植物(刘金文，2004)，是形态上高度分化的草甸与湿地植被建群种，广泛分布于世界各地，在湖滨、沟渠、河流滩涂、盐碱地等生境均可形成单优群落。芦苇具有极高的生物量和土壤碳库储存，可视为高碳汇生态系统物种。且芦苇为非粮作物，含有丰富的纤维素，具有开发生物质能、生产燃料乙醇的潜力。银川平原地处西北内陆干旱地区，自秦汉以来2000多年的引黄灌溉开发，造就了灌区绿洲独特的湿地景观，河流湿地(黄河)、滩涂湿地、湖沼湿地、沟渠湿地均有分布。统计数据显示，银川平原芦苇湿地约占全区总湿地面积的60%以上(赵永全，2015)。芦苇作为世界广布种，有较高的社会、经济、生态价值，国内外学者已开展了不少研究。目前，有关芦苇生物学特征的研究主要集中在其生物学特征对水深(Vretare V，*et al*，2001)、盐度(吴春燕，2016)、气候变化(石冰，2010)等环境因子的响应上，从生活史水平来探究芦苇生物学指标的研究较少。本研究的开展是期望通过对银川平原湿地芦苇生长特征的监测，制定适合银川平原湿地芦苇保护和恢复的方案。

植物种群构件理论是植物种群生物学及生态学研究的一个新方向。构件是指存在多细胞结构的并互相联系结合的重复单元(Francisco L，2002)。在植物的生长发育期间，植物通过调节其构件的结构从而适应不断变化的环境；并且每种植物构件在生长期间中都有它自己的规律性。通过研究植物构件的生长规律，能够知道植物生长发育期间各构件的生长状况和变化并对其进行定量描述，是深入研究植物适应与进化的基础(黎云祥，1995)。近些年来，国内外关于芦苇的研究比较多，但对于芦苇植株生长规律的研究相对较少。本研究主要就芦苇株高、穗长、鲜叶重、秆鲜重、穗鲜重、叶干重、秆干重、穗干重等数量性状分别进行比较分析，从而揭示银川平原芦苇及其构件的生长规律。

一、芦苇的生长过程

银川平原湿地芦苇一般在4月中下旬开始萌发；5~6月为营养生长期，主要表现为植株个体节间增大、植株高度增加、平均株径增粗、叶片不断增多以及种群密度的增大，等等。营养生长期植株拔高较快，生长速度可达1~7cm/天。6月下旬至7月初进入生殖生长期，植株顶端开始抽穗、母株株径不再有显著变化，整个花期维持2~3个月，但同一样点的不同植株和不同样点的植株抽穗开花时间并不统一，出现参差不齐的现象，可能是由于不同生境所致。花后期有大量分蘖枝条出现，分蘖节多在其基部节上，少则2~4根枝条，多则8~10条，群落边缘地带出现的芦苇分蘖现象要较群落中心部分显著，分蘖枝条的个数也占明显优势，在生长季芦苇上部茎秆被收割后，在创口下部的第1~3个节部会分蘖新的枝条，显示出芦苇植株的替代生长特征。9月中下旬芦苇植株开始枯黄，10月中旬出现大面积枯萎，11月份芦苇植株的地上部分完全枯亡。

二、芦苇群落地上、地下生长指标分析

1. 芦苇地上生长指标的PCA分析

表5-1 PCA分析各变量的载荷量信息表

指标	主成分	
	第一主成分(y_1)	第二主成分(y_2)
茎鲜重(x_1)	0.851	0.180
叶鲜重(x_2)	0.617	-0.189
穗鲜重(x_3)	0.479	0.139
总鲜重(x_4)	0.970	0.076
叶面积(x_5)	0.914	0.000
密度(x_6)	-0.656	0.639
高度(x_7)	0.964	0.052
盖度(x_8)	0.264	0.904
株径(x_9)	0.963	-0.048
特征根	5.466	1.324
贡献率	60.733	14.711

根据银川平原芦苇群落的区域调查结果，将生物量、叶面积、密度、盖度、高度等地上各指标进行主成分分析，从表5-1中可以看出，芦苇生长指标的PCA分析的前两个主分量占原始数据信息的75.44%，其中，第一主分量占60.73%，而第二主分量占14.71%，前两个主要特征向量的方差占总方差的75%以上，排序效果比较满意。其中，第一主成分中总鲜重(x_4)、高度(x_7)、株径(x_9)、叶面积(x_5)、茎鲜重(x_1)具有较大的载荷，分别为0.970、0.964、0.963、0.914、0.851；第二主成分中盖度(x_8)具有较大的载荷，则两个主成分的表达式分别为：

$$y_1 = 0.851x_1 + 0.617x_2 + 0.479x_3 + 0.970x_4 + 0.914x_5 - 0.656x_6 + 0.964x_7 + 0.264x_8 + 0.963x_9$$

$$y_2 = 0.180x_1 - 0.189x_2 + 0.139x_3 - 0.076x_4 - 0.000x_5 + 0.639x_6 + 0.052x_7 + 0.904x_8 - 0.048x_9$$

由此可见，总鲜重(x_4)、叶面积(x_5)、高度(x_7)、株径(x_9)可以相对全面地反映出芦苇群落的生长状况，另外茎鲜重(x_1)、盖度(x_8)、叶鲜重(x_2)、密度(x_6)在一定程度上也可以表现出芦苇群落的生长状况，这与刘秋华等(2013)提出株高、株径和密度是反映芦苇群落特征的重要参数的观点相吻合。

2. 芦苇地上、地下生物量及各生长指标分析

芦苇有明显的地下根状茎，为白色至褐色，地下直立茎能分株 ，其余是须根，为了探讨银川平原芦苇地上、地下生物量，研究设计了栽培实验(详见第4章)。针对连续多年栽培的芦苇，于2014年5月开始进行不同盐分浓度处理，设6个处理组，每组设3次重复，根据当地土壤以硫化物盐为主的盐分特征，分别用0.3%、0.6%、0.9%、1.2%、1.5%和1.8%的 Na_2SO_4溶液浇灌芦苇并分别编号为3、6、9、12、15、18，CK编号0用等量水浇灌，每周1~2次，补水量以淹没土层为限。

在芦苇的生长季内每月按时统计芦苇的多度、盖度、高度、株径等，株高用卷尺测量，株径用游标卡尺测量。于8月生长旺季测定其叶绿素含量，每个塑料盆里标记3株芦苇，每株芦苇选择3片已经完全展开的绿色叶片，在叶片的中间位置测定其叶绿素含量。进而于2015年10月进行收割，称量其地上生物量，并通过洗根测定其地下生物量。将栽培实验一个盒子内所有植物贴地面割下，分别装入采集袋内密封，带回实验室立即处理。测定其鲜重，然后将材料分别放入80℃烘箱烘至恒重，称得芦苇地上部分干重。地下生物量采用洗根法，10月地上生物量收割之后，将每一个栽培实验的盒子内所有土及根全部倒出，取出的地下部分用水冲洗，直至无泥土为止。然后将芦苇的根状茎和不定根分开，阴干至表面无水珠，分别称其鲜重。然后将样品分别放入80℃烘箱中烘至恒重，称得地下部不同构件的干重。

(1)芦苇地上、地下生物量

生物量是反应植物生长状况的重要指标之一，由10月收割后芦苇的生物量与盐分处理的相关关系(图5-1)可以看出，处理组3和处理组6的生物量与空白对照组0相比，不但没有降低，反而有小幅度增加，说明低浓度的盐分对芦苇几乎没有影响，或有促进其生长的作用。盐分高于0.6%之后，即从处理组6开始生物量明显下降，说明高于0.6%的盐分对芦苇有明显的胁迫，影响芦苇的生物量。

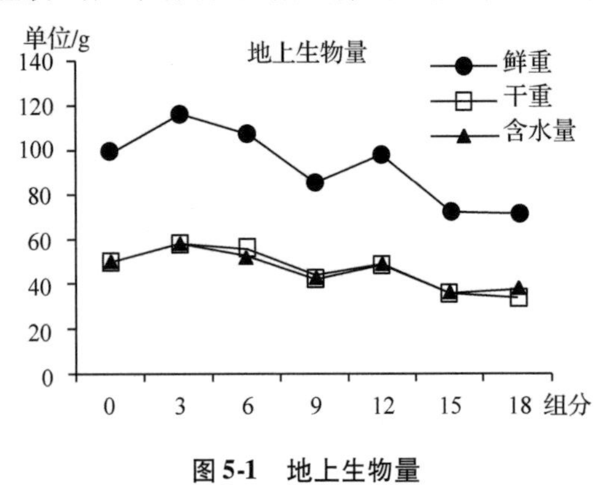

图5-1 地上生物量

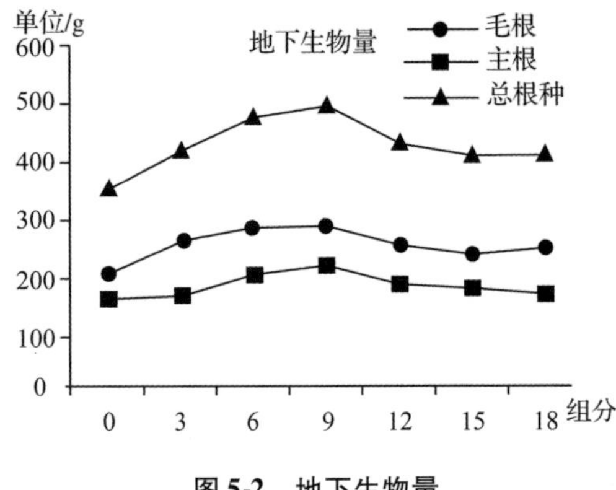

图5-2 地下生物量

湿地植被一般具有较高的地下生物量，多年生植物的根茎常年保持在地下更是如此。如图 5-2 所示，不同盐分处理下芦苇的地下生物量呈现先增加后略有降低的趋势，但总体大于对照组，地上生物量从 0.6% 之后开始明显下降，而地下根茎生物量从 0.9% 之后开始下降，说明芦苇根对盐的耐受性更强，敏感度低于地上部分。

如图 5-3 所示，栽培芦苇的根冠比(R/S)为 3.5～5.6，平均为 4.7 左右，地下部分生物量是地上部分的近 5 倍。因此，地下的根茎部分是芦苇碳储存的主要场所。与对照组相比，盐分处理后的组分根冠比(R/S)总体大于对照组，并随盐分处理的增大而增加。随着盐分浓度的增加，地下部分所占比率增加，说明了随着盐分的增加芦苇的生长优势更趋向于表现在耐受性更强的地下部分。

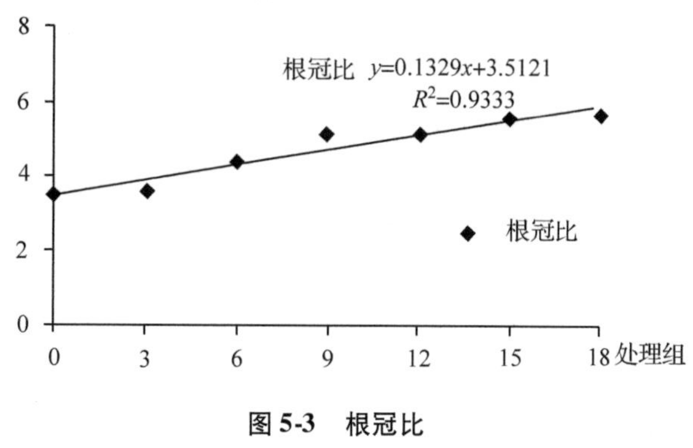

图 5-3 根冠比

(2)芦苇的各生长指标

如图 5-4 所示，芦苇的各个生态指标，包括高度、株径、多度、盖度均明显随盐分浓度的变化而变化，结果表明：①盐分处理的盐分浓度整体上与芦苇的高度、株径、多度、盖度均呈现负相关。②盐分浓度在 0.6% 以下时芦苇的各个生态指标没有受到影响，变化不明显；盐分浓度 >0.6% 之后，盐分胁迫开始对芦苇有明显影响，各个生态指标均开始因盐分胁迫而降低。

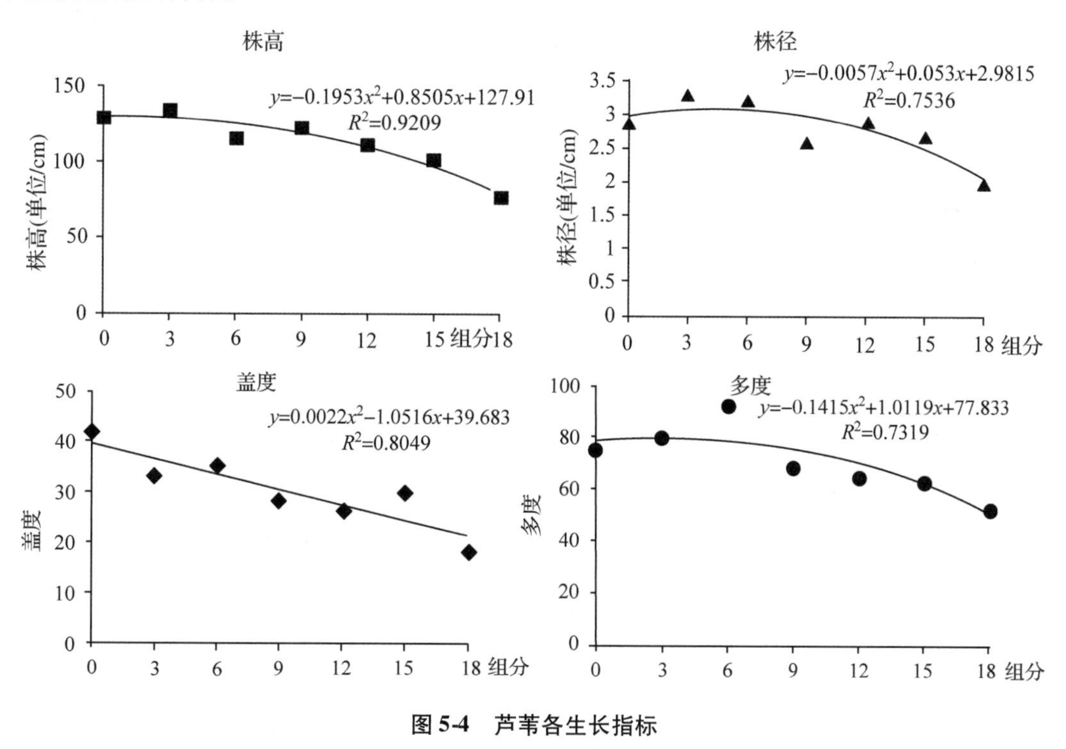

图 5-4 芦苇各生长指标

(3)芦苇叶绿素

相关研究表明一定范围内的盐分处理会抑制叶绿素酶活性，使叶绿素的分解受到抑制，相反叶绿素的合成得到加强，结果导致叶绿素含量增加，但过高浓度的盐分处理将会导致叶绿素含量的下降(赵可夫，1993)。本实验的研究结果如图5-5所示，在实验设定的盐度范围内芦苇的叶绿素含量一直呈增加趋势，表明在此范围内叶绿素的合成并没有受到影响，表现出芦苇很强的耐盐性。

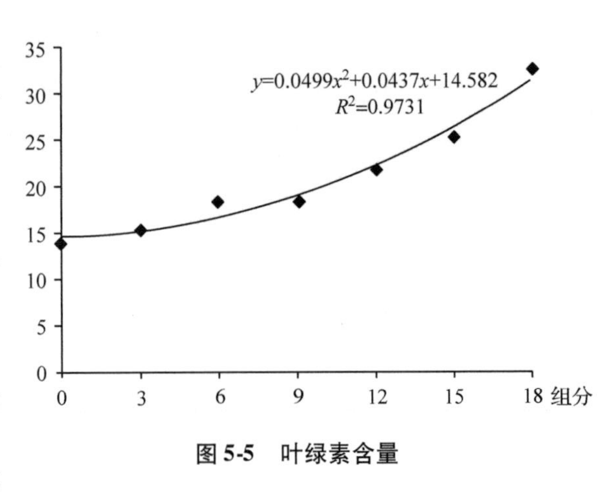

图 5-5　叶绿素含量

首先，植株高度、多度、盖度、基径和生物量随盐分增加呈现先增加后减小的趋势，盐分浓度低于0.6%时，芦苇几乎不受影响，或稍有促进作用；但是在大于0.6%之后，盐分处理对芦苇表现出了一定的抑制作用，但仍能正常生长繁殖，对芦苇地上、地下生物量的研究表明，地上地下生物量均随盐分的增加呈倒“V”字形变化趋势，只是地上部分从盐分浓度为0.6%开始有明显下降，而地下部分生物量在盐分浓度0.9%达到最大值；即地下部分对盐分的敏感程度低于地上部分；根冠比随着盐分浓度的增加而增加。地上生物量的研究结果与张爽等人对芦苇的研究结果稍有不同，但总体变化趋势一致(张爽，2008)。究其原因，有可能是所选择的芦苇生境不同导致其耐盐性略有差异。梅雪英(2008)等人对长江口湿地芦苇的研究结果发现地下生物量是地上的2.96倍；也有研究显示地下生物量是地上的2.5倍。本研究结果地下生物量是地上的4.7倍，略大于其他研究，可能是因为栽培芦苇两年积累的根生物量较大，且洗根过程损失相对于野外挖根较小，所用的地上生物量只是第二年收割的一年的生物量的原因。Brix X H(2001)的研究也指出，不同环境条件下的芦苇地下/地上生物量比率变化很大。

不同盐分处理下芦苇的叶绿素含量呈增加趋势，表明在0~1.8%范围内芦苇的叶绿素合成没有受到影响，反而因盐分处理的刺激得到了加强。这与赵可夫的相关研究结果一致，董晓霞对苇状羊茅(*Festuca arundinacea*)的研究也同样表明盐胁迫下叶片中叶绿素含量呈增加趋势(董晓霞，1998)；李建民在青海湖对几种盐生植物的研究也得出了相同的结果(李建民，2014)。但也有报道，叶绿素含量随土壤盐分的增加而降低(翁森红，1992)，本试验处理盐分的最高浓度1.8%，使得芦苇叶绿素尚未出现减少的状况，于是未能更大程度地反映出叶绿素含量的变化规律，植物叶绿素含量随盐分浓度变化的效应关系尚须进一步研究。

三、芦苇生长指标之间的关联

1. 芦苇生长指标的相关性分析

为了弄清芦苇地上部分各指标间的相互关系，对以上各指标进行了相关性分析(表5-2)。

表5-2 芦苇群落各指标的相关性矩阵

指标	茎鲜重	叶鲜重	穗鲜重	总鲜重	叶面积	密度	高度	盖度	株径
茎鲜重	1								
叶鲜重	0.181	1							
穗鲜重	0.391**	0.171	1						
总鲜重	0.916**	0.560**	0.417**	1					
叶面积	0.782**	0.497**	0.440**	0.863**	1				
密度	-0.488**	-0.374**	-0.205	-0.563**	-0.577**	1			
高度	0.790**	0.640**	0.370**	0.926**	0.833**	-.608**	1		
盖度	0.305*	0.085	0.117	0.291*	0.214	0.327*	0.341*	1	
株径	0.763**	0.661**	0.385**	0.912**	0.856**	-0.636**	0.949**	0.228	1

注：*表示在0.05水平上差异显著，**表示在0.01水平上差异显著。

在表5-2中，总鲜重、高度、株径、叶面积、茎鲜重、盖度间具有着极为显著的相关性，它反映群落各指标具有相互的影响作用。最具有代表性的如株径和茎鲜重、叶面积和叶鲜重等。另外还发现，密度除了与盖度为正相关之外，与其他指标之间均表现出不同程度的负相关，这表明对于芦苇而言，并非密度越大越好，相反地，密度的增大可能是芦苇群落退化的重要表现。

芦苇形态特征与群落数量特征的Pearson相关性分析结果(表5-3)表明，株径与密度呈极显著负相关($P<0.01$)，与单株地上生物量、单株叶生物量、单株茎秆生物量分别呈极显著正相关；株高与盖度、地上生物量分别呈极显著正相关，与植物组织含水量呈极显著负相关；单株展叶数与盖度、地上生物量分别呈极显著正相关，与植物组织含水量呈极显著负相关；单株叶面积与盖度、地上生物量分别呈极显著正相关，与植物组织含水量呈极显著负相关。

表5-3 银川湖泊湿地芦苇群落生物学特征Pearson相关性

群落指标	形态指标					
	叶长	叶宽	株径	株高	单株展叶数	单株叶面积
盖度	0.055	-0.027	-0.079	0.382**	0.434**	0.489**
密度	0.163	-0.025	-0.550**	0.174**	0.119	0.102
地上生物量	0.115	0.011	-0.017	0.262**	0.452**	0.676**
单株地上生物量	-0.005	-0.056	0.518**	0.030	0.081	0.051
单株叶生物量	0.018	0.119	0.316**	0.095	0.079	0.018
单株茎秆生物量	0.008	-0.055	0.516**	0.055	0.101	0.082
植物组织含水量	-0.080	0.144	0.026	-0.203**	-0.397**	-0.367**

注：**表示相关性达到0.01显著水平(双侧)。

2. 芦苇生长指标相关性回归模型分析

依据芦苇形态指标与群落数量指标的Pearson相关系数，选取株高、地上生物量、茎粗、单株地上生物量指标，对5~10月份株高与地上生物量、6~8月份茎粗与单株地上生物量进行回归分析，在 $y=Ax+B$、$y=AxB$ 和 $y=AeBx$ 中选取通过显著性水平检验的方程绘制回归关系图，具体统计结果见图 5-6。首先，5~10 月株高与地上生物量拟合最佳回归方程的 R^2 分别为 0.5877、0.4778、0.4770、0.3494、0.1503、0.1603。随着株高和地上生物量累积量的增加，拟合估测效果降低，生长初期株高与地上生物量表现出一定的正相关，之后随着生长速率的变缓这种正相关趋于减弱并消失。其次，6~8 月株径与单株地上生物量拟合方程的 R^2 依次增大，分别为 0.3846、0.5977、0.7401。6 月、7 月株径与单株地上生物量用线性函数拟合 R^2 最大，8 月用幂函数拟合 R^2 最大。进一步对 8 月株径与单株地上生物量用线性函数拟合，方程为 $y=3.9661x-10.395$（$R^2=0.5447$，$P<0.05$）。由此可知，6~8 月株径与单株地上生物量线性拟合的斜率分别为 3.0834、3.7645、3.9661，随着单株地上生物量累积量的增加，对株径的依赖程度不断增加。

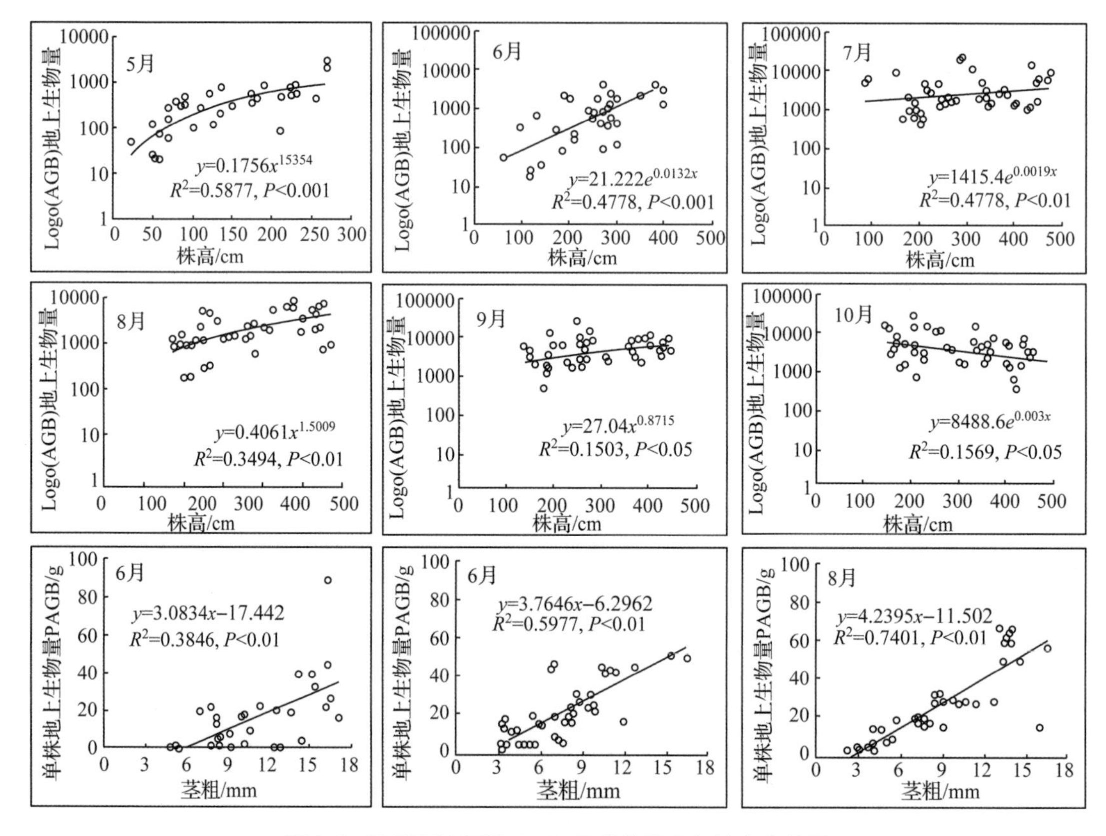

图 5-6　银川湖泊湿地 5~10 月芦苇株高与地上生物量以及茎粗与单株地上生物量的关系

进一步对芦苇叶长、叶宽、株高与其单株地上生物量、单株叶生物量、单株茎秆生物量进行拟合回归，选取拟合方程 R^2 最高的月份绘制回归关系图，具体统计结果见图 5-7。其中，叶长、叶宽与单株叶生物量在 9 月拟合效果最佳（R^2 分别为 0.6946 和 0.7545），叶长、叶宽和单株叶生物量也均是 9 月达到一年中的峰值；5~10 月中，株高与单株地上生物量、单株茎秆生物量的拟合效果均在 8 月最佳（R^2 分别为 0.7584 和 0.7368），株高峰值也出现在 8 月，单株地上生物量和单株茎秆生物量峰值虽均出现在 9 月，但都与 8 月不存在显著差异。值得注意的是，除叶长与单株叶生物量最佳拟合方程为指数函数外，其余最佳拟合方程均为幂函数。

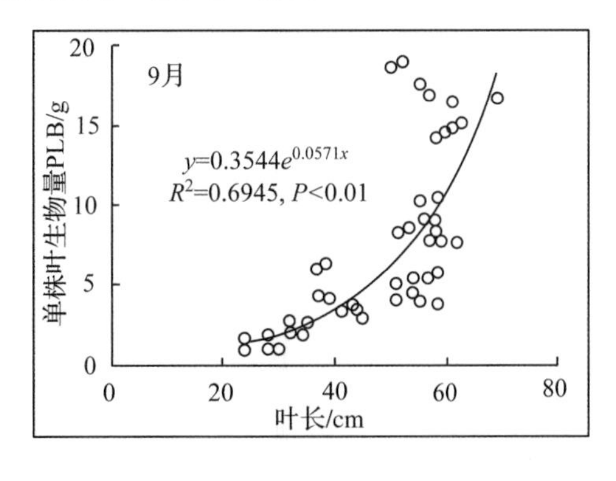

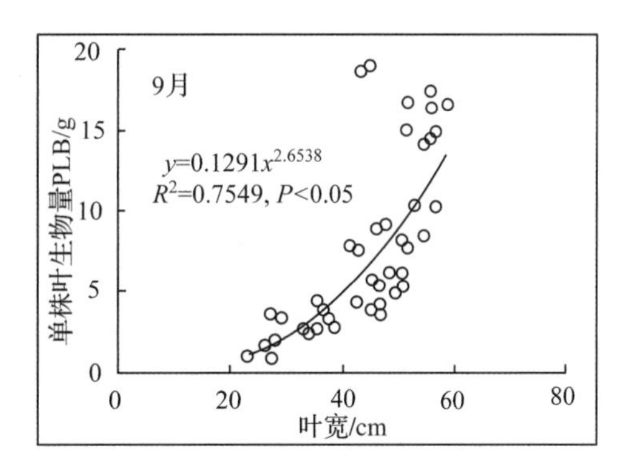

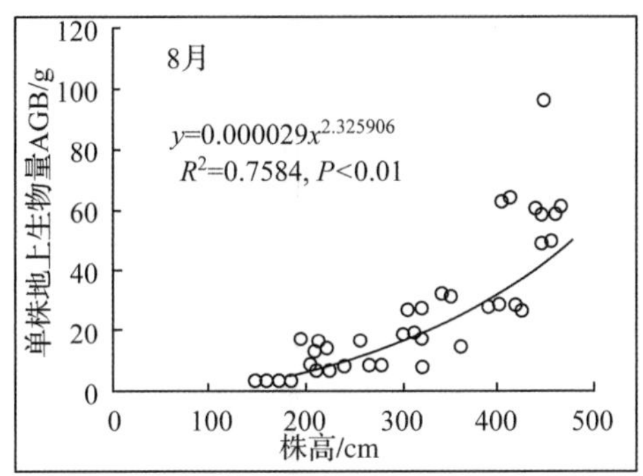

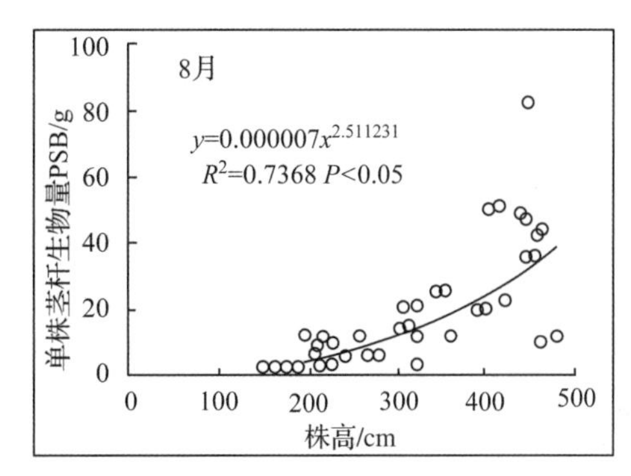

图 5-7　银川湖泊湿地芦苇形态指标与群落数量指标最佳拟合效果

四、讨论与结论

芦苇生态幅极广，适生于多种生境类型。不同的环境选择如养分、气候等交互影响致使芦苇个体及种群间发生不同程度的分化和变异，其中生物量随之的变化是其表现之一，不同地点的芦苇种群表现出的平均生物量以及生长周期都有一定的差异，如表5-4所示。对比银川平原与其他地点的芦苇生长过程发现：银川平原芦苇群落单位面积的干生物量仅次于青岛大沽河河口，在所选的9个地点里，处于较高水平。与国内其他河口、滨海、湖泊湿地相比，银川平原芦苇生物量与内蒙古乌梁素海最接近，略低于大沽河河口湿地，一定程度上说明了银川平原湿地芦苇地上部分生物量年积累水平较高，较适宜芦苇群落的生长。

表 5-4　银川平原芦苇生长过程与其他地点的对比

地点	平均地上生物量	生物量最大值出现月份	生长周期
白洋淀	1.70	10月	4~10月
崇明岛	1.55	9月	3~10月
杭州湾	1.63	9月	3~10月
闽江河口	1.52	8月	4~10月
青岛大沽河河口	7.03	10月	4~10月
苏州太湖	2.22	10月	4~10月

（续）

地点	平均地上生物量	生物量最大值出现月份	生长周期
内蒙古乌梁素海	2.59	10 月	4~10 月
苏北盐城海岸	1.25	10 月	4~10 月
银川平原	4.976	8 月	4~10 月

另外银川平原芦苇具有一定的耐盐性，本实验研究结果表明：盐分浓度为 0.6% 以下的水浇灌芦苇可保证芦苇的地上生物量不受影响；但若要保证芦苇碳储量最大，盐分在 0.9% 左右最佳，这对节约淡水资源有一定的意义。同时对于研究芦苇的储碳、固碳能力提供一定的支撑(李博，2009)，也为进一步研究芦苇湿地碳储量提供参考价值。

银川平原芦苇的生长过程表现为晚春季节萌发、5~6 月的快速营养生长、7~8 月的生殖生长，9 月以后逐渐进入枯萎期。伴随着这样的生长过程，芦苇的干、湿生物量总和及茎、叶生物量都在 7 月达到最大值，生殖期晚期由于有一轮很强的分蘖繁殖，使得上述指标在 9 月份也出现高值。芦苇的植物组织含水量在花前营养生长期最高，对茎秆的能量分配也更多一些。芦苇各构件的生长指标受到花后期分蘖过程的影响较大，平均株径和平均株高在 8 月峰值，而在 9 月出现谷值。

鉴于银川平原芦苇的上述生长特征，要保证芦苇的快速生长，在春末夏初，应当对芦苇湿地有比较充足的水分供给；要获取最大生物量，可以在 7 月份进行一轮收割，随后芦苇种群的替代生长，能够补充一定的生物量。由于芦苇平时收割作业困难，银川平原芦苇的收割一般为冬季冰上作业，从获取造纸原料的角度考察，是比较合理的；但从获取牲畜饲料角度考虑，夏秋两季收获或直接在湿地草场上放牧更为合理。

植物的生物学指标间存在着相互依赖和相互制约的关系，体现着植物适应环境及自然选择策略，决定着植株的结构和功能(王国勋，2014)。本研究分析芦苇形态特征与群落数量特征的相关性有助于理解芦苇自身生态系统各构件协同机制。研究中发现，芦苇种群密度增加，群落环境发生变化，单株生存空间缩小，抑制了茎秆横向生长，反映出芦苇种群成熟的资源投资调节机制和生存对策。同时，单株芦苇茎秆横向生长导致茎秆生物量累计更加显著，茎粗与单株地上生物量、单株叶生物量、单株茎秆生物量相关系数分别为 0.518、0.316、0.516 就是有力证明。株高增长反映的是芦苇的径向生长，其与地上生物量呈极显著正相关，说明在群落水平上株高增长显著影响地上生物量增加。随着株高累积增加，植株逐渐到达生长极限，并由生长盛期转向枯萎，植物组织含水量呈下降趋势，可能也预示着芦苇在生长初期水分依赖性高，生长中后期抵抗水分胁迫能力强，因此株高与植物组织含水量呈极显著负相关。单株展叶数增加，单株叶面积也伴随增长，反映在群落尺度上盖度和地上生物量也相应增加，因而单株展叶数、单株叶面积分别与盖度、地上生物量呈极显著正相关。通过关联芦苇形态特征与群落数量特征，打破了芦苇生活史研究的个体、种群、群落尺度，有利于揭示芦苇生物学特征之间与尺度无关的内在规律(程栋梁，2011)，为跨尺度研究植物生长发育过程提供了科学启示。

本研究中，在 5~10 月，各月芦苇株高与地上生物量之间的关系可用幂函数模型或指数函数模型表达，其在生长发育过程中物质和资源分配遵循着规律。随着芦苇株高的增长，地上生物量累积量也相应增加，但生长速率逐渐变缓，因而直观表达出株高与地上生物量拟合效果降低，生长初期株高与地上生物量表现出一定的正相关，之后随着生长速率的变缓这种正相关趋于减弱并消失。Hermans 等(2006)就认为株高与生物量间的关系对植物生长调节尤为重要。在 6~8 月份，各月株径与单株地上生物量拟合方程的 R^2 分别为 0.3846、0.5977、0.7401，随着单株地上生物量累积量越来越大，能量储存也相应增加，茎秆通过横向生长调节，为植株生长繁殖起到物理支撑，有效防止了植株折损，体现了芦苇较强的生态适应策略。

总之，芦苇生长过程中株高与地上生物量、株径与单株地上生物量的生长关系变化蕴涵着植物的生存、生长和繁殖的内在法则，这种调节策略进一步影响了群落结构和生态系统土壤碳汇潜力(Litton M，2007)。值得注意的是，在芦苇生长后期(8~9 月)，形态指标与生物量指标的拟合效果最佳，除叶长和单株叶生物量外，其余拟合均为幂函数模型，表现为异速生长关系。这种规律在生物界普遍存在(Niklas K，2004)，银川市典型湖湿地的芦苇在生长盛期其异速生长关系表达最好，这为芦苇地上生物量指标的预估提供了便捷途径。

第6章 银川平原湿地芦苇群落的物种组成与种间关系

种间关系是植物群落最为重要的数量和结构特征之一，研究种间联结和相关性有利于深入了解群落结构、功能、生境类型和群落演替趋势，有利于正确认识群落中各种群与环境因子和其他种群的相互作用(王伯荪，1989)。种间关系通常可分为正关联(或相关)、负关联(或相关)和无关联(不相关)。植物种对的正关联体现了植物利用资源的相似性和生态位的重叠性，植物种对的负关联体现了物种间的排斥性，是长期适应不同环境并利用不同空间资源的结果，同时也是生态位分离的反应(张金屯，2003)。研究种间关联能够更加深入地理解组成群落的各种群间生态位的相互关系，分析群落中不同种群对环境的适应方式、资源分布状况及利用途径和种群动态的内在联系，有助于揭示群落结构、群落功能和群落演替等生态内涵。有关银川平原湿地植物区系(程志，2010；李炳玺，2005)、芦苇群落组成(张玉峰，2012)、湿地景观格局(白林波，2011)等研究，都程度不同地发现了湿地植物群落物种组成的特殊性，但并未直接研究植物种间关联关系。本文对银川平原湿地常见植物群落的种间关系进行研究分析，旨在为银川平原湿地植物资源分布、保护和生态修复提供科学依据。

自2009年以来，采用随机法进行取样，结合样方法与样线法，对银川平原湿地群落进行调查。样线垂直于岸线从湖沼及沟渠内侧向边坡布设，在样线上根据群落变化布设样方，样方面积为1m×1m。边坡主要记录植物物种名、株(丛)数、高度、密度、盖度、多度等指标。同时，实地测量并记录了样点经纬度、立地水位、水深、pH等生态环境因子，在样方调查的基础上应用校正x^2检验结合Jaccard关联指数、Pearson相关系数和Spearman秩相关系数，检验研究了银川平原湿地植物群落的种间关系，计算测定了常见植物种对的种间关联关系。

一、芦苇群落的物种组成

通过60余个样点的综合调查，记录到银川平原湿地维管植物52科119属202种，此次调查结果显示有20余种植物出现于芦苇群落中，其中包括芦苇在内且出现频次大于5%的为20个种，均为维管植物，涵盖了14科18属，分别占宁夏湿地维管植物科、属、种的26.92%、15.13%和9.90%。具体见表6-1。

表6-1 银川平原湿地芦苇群落的主要共生与伴生植物

序号	种名	拉丁学名	属名	科名
1	芦苇	*Phragmites australis*	芦苇属	禾本科
2	长苞香蒲	*Typha angustata*	香蒲属	香蒲科
3	水莎草	*Juncellus serotinus*	水莎草属	莎草科
4	藨草	*Scirpus triqueter*	藨草属	莎草科
5	水葱	*Scirpus tabernaemontani*	藨草属	莎草科
6	鹅绒藤	*Cynanchum chinense*	鹅绒藤属	萝藦科
7	灰绿藜	*Chenopodium glaucum*	藜属	藜科
8	苦苣菜	*Sonchus oleraceus*	苦苣菜属	菊科
9	千屈菜	*Lythrum salicaria*	千屈菜属	千屈菜科
10	菖蒲	*Acorus calamus*	菖蒲属	天南星科
11	艾蒿	*Artemisia argyi*	蒿属	菊科
12	车前	*Plantago asiatica*	车前属	车前科
13	独行菜	*Lepidium apetalum*	独行菜属	十字花科
14	穗状狐尾藻	*Myriophyllum spicatum*	狐尾藻属	小二仙草科
15	眼子菜	*Potamogeton distinctus*	眼子菜属	眼子菜科
16	篦齿眼子菜	*Potamogeton pectinatus*	眼子菜属	眼子菜科
17	萹蓄	*Polygonum aviculare*	蓼属	蓼科
18	水蓼	*Polygonum hydropiper*	蓼属	蓼科
19	薄荷	*Mentha haplocalyx*	薄荷属	唇形科
20	慈姑	*Sagittaria trifolia*	慈姑属	泽泻科

注：此表中的序号对应本章中其他图表的植物。

二、芦苇群落的种间关系

1. 种间关系常用公式

(1)重要值

草本和灌木的相对重要值：

$$IV = (RH + RC + RF)/300 \quad (1)$$

式(1)中，IV 为某一物种的重要值；RH 为相对高度；RC 为相对盖度；RF 为相对频度。

按照33种常见植物在样方内存在与否，建立“0、1”二元矩阵，“0”代表不存在，“1”代表存在，用于计算种间关联。计算33种植物在各样方内的重要值，得到重要值的原始数据矩阵，用于种间关联的相关分析。

(2)种间关联的2×2列联表及x^2检验

在2×2列联表的基础上，计算x^2值，可用以判断两个种关联与否。在种间关联研究中，由于植被调查数据的离散特征，需采用校正的x^2检验。经校正后x^2检验表达式(杨晓东 等，2010)如下：

$$x^2 = \frac{N(|ad - bc| - 0.5N)^2}{(a+b)(c+d)(a+c)(b+d)} \tag{2}$$

(3)Jaccard关联指数

依据上面的2×2列联表的a、b、c值计算Jaccard关联指数(JI)：

$$JI = a/(a+b+c) \tag{3}$$

式(2)及式(3)中：a为含有两个种A和B的样方数，b为只含有种B的样方数，c为只含有种A的样方数，d为两个种都不存在的样方数，N为样方总数。当ad > bc时为正联结，ad < bc时为负联结。若$x^2 > 6.635(P < 0.01)$，表示种间联结性极显著；若$6.635 > x^2 > 3.841(0.01 \leqslant P < 0.05)$，则表示种间联结性显著；若$x^2 < 3.841(P \geqslant 0.05)$，表示种间关联不显著或没有关联。

(4)Pearson相关分析

采用33个主要种在样方种的重要值的原始数据作为Pearson相关分析和Spearman秩相关分析的数量指标。Pearson相关系数表达式为：

$$r_{p(i,k)} = \frac{\sum_{j=1}^{N}(x_{ij} - \bar{x}_i)(x_{kj} - \bar{x}_k)}{\sqrt{\sum_{j=1}^{N}(x_{ij} - \bar{x}_i)^2 \sum_{j=1}^{N}(x_{kj} - \bar{x}_k)^2}} \tag{4}$$

式(4)中，x_{ij}和x_{kj}分别为种i和种k在样方j中的重要值，$\bar{x}_i$和$\bar{x}_k$分别是种i和种k在所有样方中重要值的平均值，N为样方总数。

数据处理用Ecxel 2003及SPSS 17.0数据处理软件完成。

(5)Spearman秩相关分析

Spearman秩相关系数属于非参数检验，其表达式(张金屯，1995)如下：

$$r_{s(i,k)} = 1 - \frac{6\sum_{j=1}^{N} d_j^2}{N^3 - N} \tag{5}$$

式(5)中，$d_j = (x_{ij} - x_{kj})$，x_{ij}和x_{kj}分别为种i和种k的重要值在样方j中的秩；N为样方总数(赵永全，2014)。

2. 芦苇种间关联的x^2检验

按照与湿地芦苇共存率大于5%选择，包括芦苇在内共有20种植物，根据这些植物在200个样方内存在与否，建立“0、1”关系——即存在与否的20×20的种—样方二元矩阵，在此基础上构造2×2列联表，x^2检验的结果见图6-1：

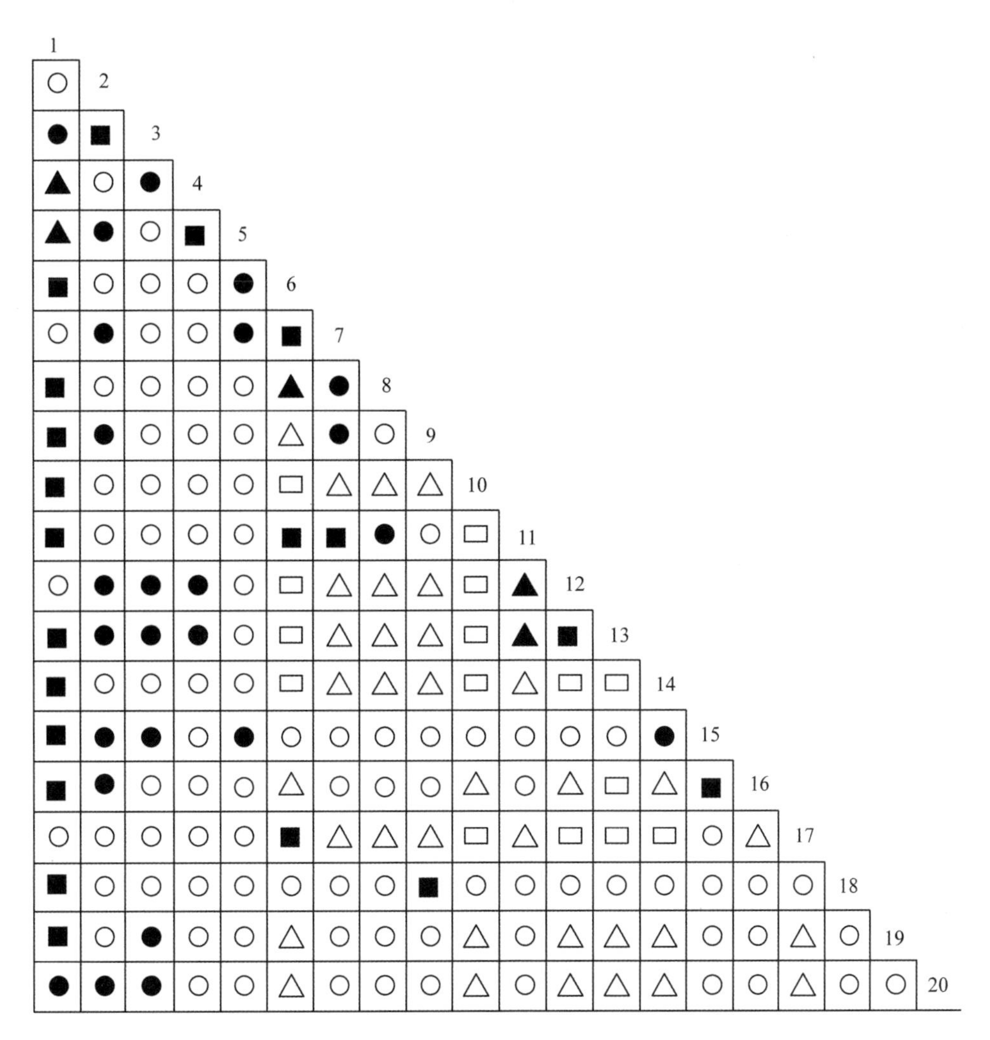

图 6-1　芦苇湿地植物群落种间关联的 x^2 检验半矩阵图

正联结：■$P<0.01$　▲$0.01\leqslant P<0.05$　●$P\geqslant 0.05$

负联结：□$P<0.01$　△$0.01\leqslant P<0.05$　○$P\geqslant 0.05$

3. 种间关联的 Spearman 秩相关分析

通过种对的关联分析，只是了解两个物种是否同时存在或不存在，而无法了解随着某个种的数量指标的变化，另一个种的数量指标是如何变化的。因此，在 x^2 检验的基础上，应该用积矩相关系数和秩相关系数来检验种对的相关性，以便揭示种间关系的本质。积矩相关系数和秩相关系数是反映两个物种种间协变线性关系的重要指标，可以反映物种间的数量变化关系。

计算出 20 种植物在各样方的重要值，草本重要值计算公式：$IV = RC/100$；式中，IV 为某一物种的重要值；RC 为相对盖度。在此基础上建立 20×20 的重要值—样方二元矩阵，利用 Spearman 秩相关系数进行检验。检验结果见图 6-2：

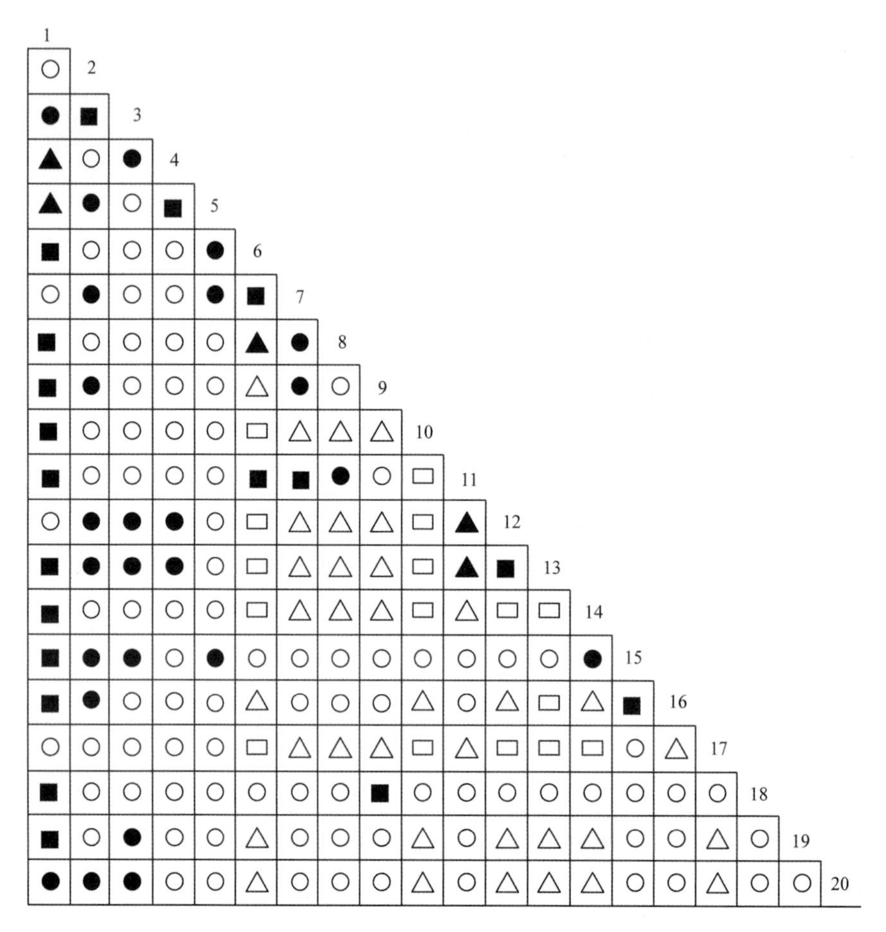

图 6-2 芦苇湿地植物群落种间关联的 Spearman 秩检验半矩阵图

正相关：■$P<0.01$　▲$0.01\leqslant P<0.05$　●$P\geqslant 0.05$

负相关：□$P<0.01$　△$0.01\leqslant P<0.05$　○$P\geqslant 0.05$

表 6-2 x^2 检验与 Spearman 检验的种间关联的结果

检验方法	极显著相关种对数($P<0.01$)		显著相关种对数($0.01\leqslant P<0.05$)		不显著相关对数($P\geqslant 0.05$)	总种对数
	正相关	负相关	正相关	负相关		
x^2 检验	19	16	5	35	115	190
Spearman 检验	19	1	2	1	167	190

对于 x^2 检验和 Spearman 检验结果(表 6-2)，可以发现：对 20 种植物综合的 x^2 检验结果中有 91 对表现为显著($P<0.05$)或极显著($P<0.01$)相关，占总种对数的 47.89%；其中正相关有 38 对，占总种对数的 20.00%，负相关有 53 对，占总种对数的 27.89%，不相关或不显著相关的种对数为 99，占总种对数的 52.12%。Spearman 秩相关分析检验的结果与 x^2 检验结果不尽一致，检验出相同结果的如 2-3、4-5、6-7、6-11、7-11、12-13、15-16，也有些在一定程度上对前者进行了补充，如穗状狐尾藻和眼子菜，x^2 检验的结果为不显著正相关，Spearman 秩相关分析检验的结果则为极显著正相关；再如芦苇和香蒲，x^2 检验的结果为不显著负相关，Spearman 秩相关分析检验的结果则为极显著负相关，

虽然两种检验方法结果不尽一致，但是 Spearman 秩相关分析检验一定程度上为卡方检验做了完善和补充。

三、种间关系的生态分析与生态种组划分

1. 种间关联的生态分析

从植物群落种对间相关性关系可以看出，银川平原芦苇湿地群落主要种群种间呈显著或极显著的种对数较少，仅占总种对数量的 47.89%，说明研究区芦苇湿地群落的植物种间关系整体上比较松散，且多为负相关或不相关，种间关系松散，独立性较强，说明优势种群分化较为明显，但植物群落不够稳定，虽然存在相当的独立分布格局，但现存群落多处于不断演替之中。

从检验结果看，x^2 检验结果显示芦苇与大多数的植物间呈现正联结关系，这表明芦苇作为银川平原芦苇湿地植物的优势种群可以很好地与其他一些湿生、湿中生植物种群共存，这是由于它们对综合环境条件具有相同或相似的需求与适应，生态习性相似，在一定程度上体现了生态位的重叠性，例如芦苇和鹅绒藤，它们尽管不属于同一生态种组，但是由于芦苇的适应力强，同时具有直立茎秆为鹅绒藤提供支撑；再如芦苇和香蒲，尽管属于同一生态种组，却表现出极显著的负相关，这表明二者之间具有较强的排斥性，是对资源和环境要求不尽相容的表现，即二者之间不能够良好的共存，会通过长期的竞争使得一方完全被另一方替代而形成稳定的植物群落。

尽管芦苇可以与其他 19 种植物共存，但这种共存并非完全稳定，芦苇作为宁夏沼泽湿地绝对优势植物，在单一芦苇建群的情况下其生长状况往往较共生和伴生状态要好。芦苇和香蒲都可以归于水生、湿生植物种组，且宁夏湿地中芦苇和香蒲共存的情况也比较多，但多不稳定，尚处于竞争及动态演替过程之中。通过种间关联为研究区湿地植被恢复以及人工植被建植提供了有力的理论指导和依据，如香蒲和芦苇通常会作为湿地景观植物，在建植时应当分别开来，避免因为后期的竞争演替导致景观异化。通过连续 3 年对文昌双湖、阎家湖的连续观测可以发现：尽管 3 年前它们都是芦苇和香蒲的混合群落，但是两年之后，文昌双湖芦苇已经出现出芦苇占优势，而阎家湖则表现出香蒲占优势，这说明初始群落的稳定性和演替的方向并不确定，在特定的环境条件下，它们都朝着各自相对稳定的状态演替。另外，芦苇与慈姑及水莎草则可以种植在一起，因为在调查过程中我们发现它们生长在一起不仅不影响美观，而且群落相对也稳定，芦苇可以良好地生长。这可能是由于这几种植物生长在一起时，分层相对清楚，即芦苇处于第一层，而慈姑和水莎草通常处于第二亚层，这种分层使得二者的空间竞争减小，对资源的利用更加充分和谐。

2. 生态种组

生态种组是群落中表现出具有类似的形态和习性的一些种在自然状态下的集合。不同生态种组占据着不同的生态位，体现了对生态资源利用方式的差异性。依据种间相互关系，生态种组内各种群间有显著正相关关系，能够反映出种对间具有明显的相互依存或共存关系以及对生态资源利用的相似性。种对的负关联体现的是物种间的排斥性，是各物种长期适应不同环境并利用不同空间资源的结果，它们彼此之间存在竞争，群落结构尚不稳定，是生态位分离的反应。据此可将银川平原湿地芦苇群落的植物种组划分如下：

(1)水生植物种组

芦苇、香蒲、水莎草、藨草、水葱、穗状狐尾藻、眼子菜、篦齿眼子菜、慈姑。它们对水分条件要求比较高，分布于湖泊、沟渠、池塘、水田等水域。

(2)湿生植物种组

水蓼、芦苇。常见于河岸、沟渠边缘地季节性淹水或地表水位埋深很浅，土壤过湿的环境中。

(3)中生植物种组

菖蒲、千屈菜、独行菜、薄荷、苦苣菜、艾蒿、车前、萹蓄。它们对生长环境水分的要求同水生、湿生植物种组区分较明显，多分布于岸边、湖滨、草甸、沟渠堤坡等中等湿度的土壤环境中。

(4)旱中生植物种组

鹅绒藤、灰绿藜。多生长在地势较高、环境较为干旱的堤上、路边等处，对水分的需求不强，具有一定的耐旱、耐盐碱能力，同时在水分充足的环境中也生长良好。

四、讨论与结论

银川平原湿地芦苇群落主要的植物构成包括 20 种 18 属 14 科，按照其分布的环境条件可划分为 4 个生态种组，其中水生植物种组和中生植物种组是其主要组成部分。这也再次证实了生境的差异会直接影响到物种的分布(张丽霞，2001)。组内植物间多呈现出正联结，这是由于它们具有相同(或相似)的资源利用方式和生态需求，有些由于它们是群落组成的共建种；种组间植物间多呈现出负联结，但也有正联结出现，这是由于有些植物，如艾蒿、苍耳等，生态位较宽，在部分地区出现生态位重叠所致。

银川平原常见湿地植物中有相当部分为建群植物，如芦苇、长苞香蒲、藨草、水莎草、拂子茅、赖草、狗尾草、碱蓬、车前、艾蒿、藜、盐爪爪、灰绿藜等。通过 x^2 检验、Pearson 相关分析和 Spearman 秩相关分析共计有 10 个种对正关联关系完全一致，即碱蓬—藜、赖草—苦豆子、赖草—骆驼蓬、拂子茅—苣荬菜、车前—旋覆花、旋覆花—荩草、盐爪爪—桃叶鸦葱、酸模叶蓼—无芒稗、苍耳—刺儿菜、狗尾草—虎尾草；Pearson 相关分析没有负相关种对，而 x^2 检验和 Spearman 秩相关分析共计有 4 个种对负关联关系完全一致，即芦苇—狗尾草、芦苇—刺儿菜、芦苇—艾蒿、碱蓬—水莎草。本研究显示出的种间关系在湿地植被修复和建植中具有一定的指导意义。

通过 x^2 检验及 Spearman 秩相关分析检验的结果来看，银川平原芦苇湿地群落主要种群种间呈显著或极显著的种对数较少，仅占总种对数量的 47.89%，其中显著正相关种对数只有 20.00%，所占比例均较小，负相关及不相关的种对数占总的种对数的 80.00%，所占比重较大，说明银川平原芦苇湿地群落的植物种间关系整体上比较松散，独立性较强，表明其优势种群分化较为明显，但植物群落不够稳定，存在相当的独立分布格局，群落尚处于不断演替或者是波动之中。

银川平原芦苇群落根据其构成的特征分为四个群落，即单一芦苇群落，芦苇与香蒲混合群落，芦苇、香蒲与水葱混合群落，芦苇与其他湿中生植物(如水莎草)的混合群落，其中单一芦苇群落是主要构成部分，这再次表明了芦苇是一种单优势湿地植物种，同时也是银川平原湿地植物的主要优势种及建群种。自然状态下银川平原芦苇群落的形成与分布和土壤环境状况(主要是养分含量)有着相关性，其中速效磷(AP)和pH是芦苇与其他植物混合类型群落的主要影响因素；芦苇+水葱群落多对较高的有机质含量对应；全磷(TP)则是芦苇+香蒲群落的主要影响因素。另外，全盐是芦苇形成单优势种群的主要影响因子。

通过Pearson相关分析、Spearman秩相关分析以及校正x^2检验结合Jaccard关联指数的综合分析表明(赵永全，2013)，银川平原湿地植物群落具有联结性($P<0.05$)的种对数占总种对数的比例较低，仅为10.98%(Spearman秩相关分析)，且多为负联结，种间关系松散，独立性较强，说明优势种群分化较为明显，但植物群落不够稳定，存在相当的独立分布格局，群落尚处于不断演替之中。出现这种情况可能是由于银川平原近年来大规模的湿地整治、沟渠的常规性整修、农田水利的岁修传统、水位水量年际年内的动态变化等原因造成的。

Spearman秩相关分析不要求物种服从何种分布，应用起来较为灵便，且具有较高灵敏度，从而获得较x^2检验和Pearson相关分析更为准确的测定结果，可有效地补充和完善其他两种方法的不足之处，此结论与其他研究报道一致(张佳蕊，2007；李秋玲，2007)。

第7章 银川平原湿地芦苇群落的密度效应

一、密度效应及其意义

密度效应是在一定时间内，当种群的个体数目增加时，伴随出现的邻接个体之间的相互影响，往往表现为自疏，称为密度效应。密度效应是种群和群落普遍存在的规律，物种生存受制于环境，合理的密度是物种存在、发展的前提。因为密度过大，超过了环境容纳量，个体间会由于竞争而发生自疏现象；过稀则不能充分利用环境资源，生产力低下。只有保持适当的密度才能使个体间协调共生。在对湿地植被进行恢复重建时，需注意种植密度。密度效应是种内关系的一种，植物种群内个体间的竞争主要表现为个体间的密度效应，反映在个体的产量和死亡率上(牛翠娟 等，2007)。密度诱发的生存空间拥挤程度对植物生物量增长的影响模式，是重要的生态学研究内容(LLEONART J，*et al*，2000)。国内外在密度效应的研究领域，关于马尾松(*Pinus massoniana*)、油松(*Pinus tabuliformis*)、杉木(*Cunninghamia lanceolata*)、刺槐(*Robinia pseudoacaoia*)、桉树(*Eucalyptus*)等人工林及玉米、小麦、大豆等农作物的研究较为深入，取得了相应的成果，并用于生产实践。在非人工群落方面，兰士波(2007)、崔云英等(2012)做了大量天然杨桦林密度效应的研究；章斌(2003)、叶秀妹(2004)研究了天然黄山松密度效应规律；杨允菲等人也做了关于松嫩平原碱化草甸天然虎尾草(*Chloris virgata*)、野大麦(*Hordeum brevisubulatam*)、碱地肤(*Kochia scoparia* var. *sieversiana*)、羊草(*Leymus chinensis*)、翅碱蓬(*Suaeda salsa*)、角碱蓬(*Suaeda corniculata*)等草本种群密度效应的研究(杨允菲 等，1992；1993；1994；李红 等，1994)，而对于湿地植物芦苇群落密度效应的相关研究尚少。

近10年来，有关芦苇的生物学、生理生态学、种群和群落生态学的研究十分活跃，也涉及到芦苇生长与生物量特征关系(昝肖肖 等，2014；赵永全 等，2015)。在银川平原芦苇群落的野外监测中发现，水生或陆地湿生单一芦苇群落不论初始状态如何，各自在生长季末期的生物量都比较接近，较好地体现了生态学中的最后产量恒定法则（张玉峰 等，2012）。最后产量恒定法则是密度效应的规律之一，是在人工播种情形下观察到的一种现象，研究其自然状态下的表现，不仅具有生态学学术价值，也可以为湿地管理和经营提供理论依据。

在对银川平原湿地芦苇群落进行面上调查的基础上，根据不同的水分生境梯度，选取15个单一芦苇种群典型样地进行长期监测和数据采集。张玉峰等（2012）的研究表明，银川平原芦苇6月之前种群密度和生物量的月内变化很大，本研究主要采用相对稳定的7～10月的地上生物量与密度进行耦合分析。其他监测指标主要包括芦苇的水深（或地下水埋深）、种群多度、盖度、高度、展叶数、节间数、株径、生活相等。采样分析主要针对地上生物量，采用标准株法，依据当时的株径划分出5个等级，每个样方采集5个标准株带回实验室，将叶、茎（包括叶鞘）、穗分开分别称鲜重，扫描计算叶面积后，进行烘干称量其干重。在本研究中芦苇群落生产力用地上生物量（干重 g/m^2）来表示。

数据用Excel进行分析，采用二项拟合与三项拟合的方法对各个月份的数据进行处理，并使用SPSS进行相关性分析，由于本书对芦苇群落的研究是一个粗放型的野外实验，所以运用Excel做出拟合曲线的 R^2 值相对控制实验都偏小。但除了前几个月的总生物量分布太离散，8～10月份的拟合曲线在一定程度上都可以明显地反映出芦苇的密度效应。

二、密度与相关指标的关系

1. 密度与地上生物量

由芦苇样地密度与地上生物量的拟合的结果（图7-1）可以看出，8月、9月的拟合效果相对较好，R^2 值分别为0.6031和0.5764，而7月与10月的拟合曲线 R^2 值相对较小，分别

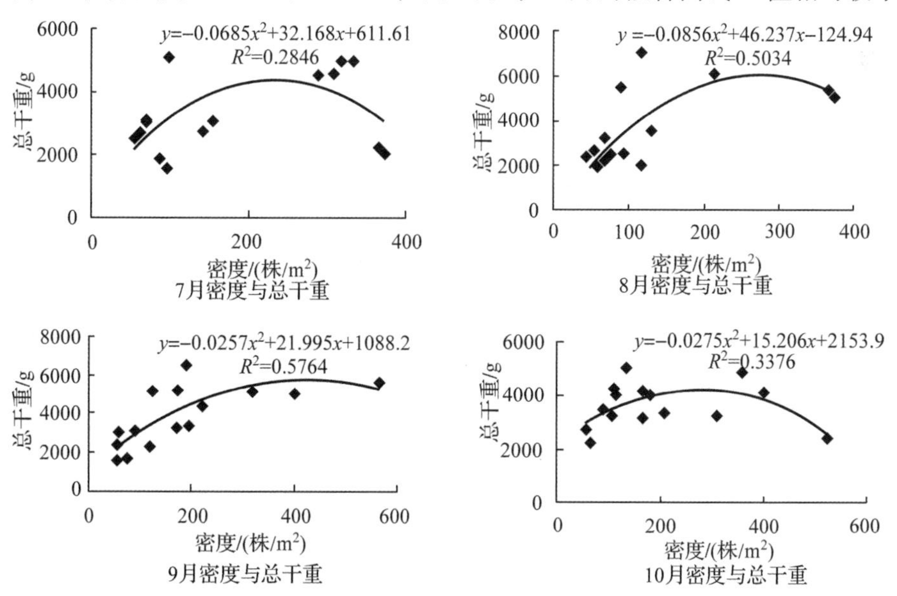

图7-1 芦苇群落密度与总干重

为0.2846和0.3376，说明密度效应在8~9月表现较为明显。究其原因可能是7月芦苇生长状况还处于旺盛生长的不稳定状态，10月芦苇群落已进入萎蔫死亡阶段，部分地上生物量已经损失。另据研究，在生长季末，芦苇群落普遍出现替代生长(黎磊 等，2011；张玉峰，2012)，这在陆生湿生环境中表现得尤其明显。相反由于植株相对低矮，风力作用下的损失较小，也可能是引起10月拟合效果不明显的另外一层原因。

评价密度效应总是以植物生物量做关联。由图7-1还可以看出：银川平原湿地芦苇群落密度在200株/m^{2}左右时地上生物量总是最大，可以推断出这个密度区间是芦苇种群生长较为适合的。密度过低时地上生物量因个体数太少而处于相对较低的水平；而密度过高时，芦苇种群地上生物量并没有随着植株数的增大而迅速增大，而是趋于平稳甚至有减小的趋势，说明已经出现了不同程度的密度制约。

2. 密度与地上平均个体生物量

从7~10月的芦苇种群平均个体生物量的对数与种群密度对数的关系图(图7-2)中可以发现，两者呈反向对应，表明银川平原芦苇的种内关系为一种典型的密度制约。另外，线性拟合的结果与Yoda(1963)的－3/2斜率并不完全吻合，但是也表现出了明显的自疏规律，Hutchings(1979)在对多年生草本无性系密度制约的研究中，也指出绝大多数无性系种群的生物量在未达到－3/2自疏线以前就达到了最大，即种群自疏线没有达到－3/2自疏线。实验结果显示银川平原芦苇群落自疏斜率为大致为－4/5、－1/2和－1。

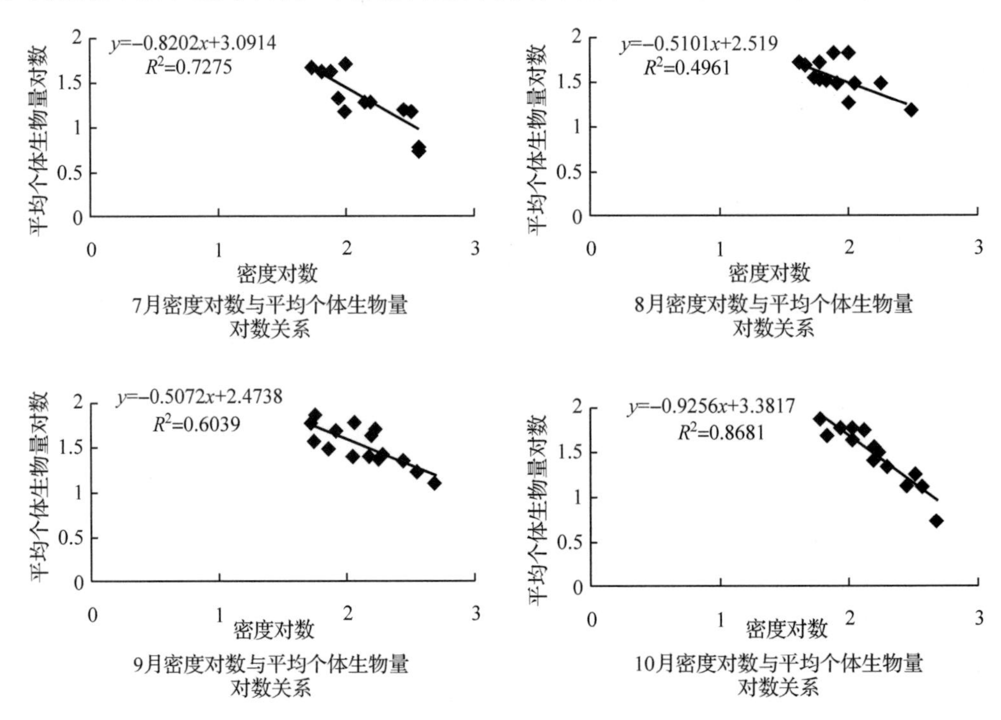

图7-2 芦苇群落密度与平均个体生物量

3. 密度和生境要素

研究发现，银川平原芦苇群落的地上生物量的最大值出现在7月，这与我国东北芦苇群落生长状况类似(张友明 等，2006；杨晓杰 等，2012)，但是与长江流域明显不同，王丹(2010)的研究表明太湖流域湿地芦苇生物量在10月份达到最大值，这显然是气候差异导致的物候节律不同。在区域内影响芦苇生长的多种因素中，水分条件、养分条件、管理方式等是最主要的(杨帆 等，2006；赵永全 等，2014)，本文从银川平原地域条件出发，选择水深、pH、土壤有机质、全氮、速效氮、速效钾与几个月份的密度平均值进行相关性分析，由表7-1可知：密度与土壤有机质呈极显著负相关，与全氮、速效氮、速效钾呈显著负相关，表明在一定的范围内，土壤养分含量随着芦苇密度的增加呈逐渐降低的趋势；生境条件越差相对应的芦苇植株密度反而增大，正如植物的生活史格局中r-对策型植物面对多变不可预测的环境采取最大限度的扩大其内禀增长率r而达到对环境的占领一样，芦苇在生境条件不好的情况下也可能是采取同样的方式增大密度来维持生命体的延续。因此可以推断，芦苇的密度在超过其最适密度之后不利于芦苇的生长，表明密度增大是芦苇群落退化的标志之一。

表7-1 密度与生境要素相关性分析

	密度	pH	速效氮	速效钾	有机质	全氮	电导率	水深
密度	1							
pH	0.042	1						
速效氮	-0.636*	-0.357	1					
速效钾	-0.590*	-0.011	0.630*	1				
有机质	-0.689**	0.110	0.648*	0.508	1			
全氮	-0.601*	-0.200	0.857**	0.479	0.838**	1		
电导率	-0.188	0.179	0.146	-0.080	0.707**	0.464	1	
水深	-0.518	0.007	0.443	0.258	0.353	0.551	-0.165	1

注：*在0.05水平(双侧)上显著相关；**在0.01水平(双侧)上显著相关。

三、讨论与结论

群落密度作为植物在自然界中重要的选择压力之一，对植物形态、生长特性的改变及生物量积累与分配都有重要影响。通过对上述研究的总结，芦苇密度对芦苇生长发育的影响很大，尤其对单株生物量、株径等影响比较显著。在一定的密度范围内，随芦苇群落密度的增加，总生物量增加。本研究表明，银川平原湿地芦苇群落密度大概在200株/m^2时，群落地上生物量达到一个较高的水平，超过这个密度之后自疏作用开始得到体现，生物量明显呈下降趋势。单株生物量与初始密度成反比，由于种内的竞争机制，密度越大单株生物量越小，此结果符合密度效应规律，但与Yoda的-3/2自疏法则不完全吻合，斜率没有达到-3/2。究其原因可能与芦苇为一种湿地植物有关，大多数研究者都以陆地中生植物，特别是栽培植物为研究对象。同时也说明了并不是所有的植物种群都能用-3/2幂自疏定律揭示(黎磊 等，2012)。研究还发现，生境条件越差芦苇密度相对越大，即密度较大的芦苇群落反而是生境条件差的指示，尤其当生境中的有机质和速效养分缺乏时，芦苇群落越密集，显示了无性系植株的r-型增殖方式，因此密度超过合适范围之后持续大幅度增长，可以作为芦苇退化的标志之一，同时也告诉我们，在对湿地芦苇群落的恢复时，合理密植是非常重要的。

通过对芦苇密度的控制可有效地促进芦苇的株径 、单株生物量的生长。在后期湿地芦苇的管理以及人工种植推广方面，合理密植是一项重要的技术环节。群体产量是个体产量与密度相乘之积，密度是构成群体产量的因素之一 。群体密度过大或过小都会严重影响产量 。密度过大 ，个体相互抑制，密度效应必然较大。不是个体特性所致，就是生态条件的限制 。为了个体生长良好，增加产量，应找出原因，加以补救。密度过小，密度效应偏小，个体生长虽好，但单位面积上的株数不多，浪费光、热、水、肥等资源，群体产量不一定就高。提高个体产量或者增加密度，是群体增产升级的两条途径。两者都要看技术措施对个体效应产量和密度效应的大小及其递减递增的调控如何 ，以此可以衡量栽培技术水平的高低。密度效应对于群体和群落的结构的调整，特别是水平结构调整的意义更大，不仅增进群体的产量和品质 ，并且改善生境，提高群落的产量和效益。另外，大力发展芦苇人工种植、管理，开展相关的栽培密度和不同管理方式的试验，强化对芦苇蛋白质、纤维素等方面的研究也是十分必要的。

第8章
银川平原湿地芦苇的年内、年际动态

动态问题是植物种群和群落研究共同要面对的，其中种群动态是有关种群的数量在时间上和空间上的变动规律；群落动态是关于群落组成、结构等特征在不同时间尺度上随着环境变化而不断发生变化的规律。由于湿地植物及其群落对于环境要素——特别是水分和热量条件的反应敏感，因而在温带大陆性气候下的银川平原绿洲，势必表现出较强的动态性。本研究在2011—2013年的3个年度，通过对银川平原几个典型湖泊开展的实验监测，并对植物生长动态特征信息结合气象、水文等数据进行关联分析，以求揭示银川平原湿地芦苇种群的时空变化及其成因。

一、银川平原湿地芦苇的年内动态

1. 植株鲜生物量与干生物量

生物量是生物在某一特定时刻单位空间内的个体数、重量或其所含能量，一般可用于表达某种群、某类群生物或整个生物群落的生物量。狭义的生物量仅指以重量表示的，可以是鲜重或干重。湿地群落的生物量是衡量湿地生态系统健康状况的重要指标。典型的湿地植物生物量测算方法主要是通过样方调查，采取收割法等方法进行计算，近年来开始使用遥感估算法，主要借助遥感影像某些波段对湿地植被的灵敏反应，然后配合典型的样地调查和GPS定位进行估算(李志锋，2004)。种群生物量是衡量芦苇湿地生态系统生产力最基本的数量特征之一，也是湿地生态系统物质循环和能量流动的一个重要方面。由于季节变化，植物生产力在不同季节明显不同，但是关于这方面的研究比较少，这与环境因子变化、物种的遗传因子、种群密度等都有很大关系。一般认为银川平原地区包括湿地植物群落在内的所有野生植物群落，生物量最大值出现在8月。本研究主要通过对典型湿地芦苇群落月际的监测调查，以求初步揭示其种群生物量的动态变化及其分配规律，为芦苇资源的合理开发和持续利用提供理论依据 。

本研究在野外监测时对单一芦苇群落的单位样方，每月采样一次，选取5个(低密度)或10个(高密度)标准株进行地上部分的收割，样本带回实验室后对茎秆和叶分别称重，然后将芦苇茎叶剪碎分装锡箔袋后放入烘箱内65℃低温烘干至恒重，再称量各部分的干重。将获得的各月份芦苇群落的鲜重和干重生物量进行比较，其动态变化状况如图8-1所示。

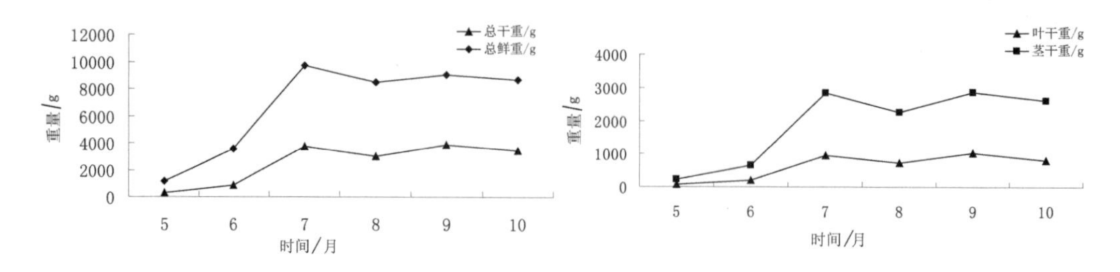

图8-1 芦苇湿、干生物量及茎、叶干重的年内变化动态(单位面积)

由图8-1可以看出，银川平原芦苇萌发生长大部分始于4月中下旬；5月生长相对较缓，干重由290.96g/m^{2}增至872.91g/m^2，鲜重由1189.25g/m^{2}增加至3567.75g/m^2；6~7月生长最快，鲜重较5月增加了8715.93g/m^2，干重增长较5月增加3487.14 g/m^2)；7~9月生物量变化较小，基本持平，芦苇群落在7月开始大面积开花，并进入生殖生长期，8月下旬至9月上旬普遍出现分蘖；10月时芦苇鲜、干重稍微下降，植株开始枯萎死亡。

2. 芦苇植株组织含水量与能量分配

植株含水量是反映植物组织水分生理状况的重要指标，通过对芦苇群落样本干鲜重的对比，可以得到芦苇植株体内的平均含水量。叶干重与茎干重比则表达了植物地上营养器官的物质和能量分配。银川平原芦苇植株组织含水量和能量分配如图8-2所示。

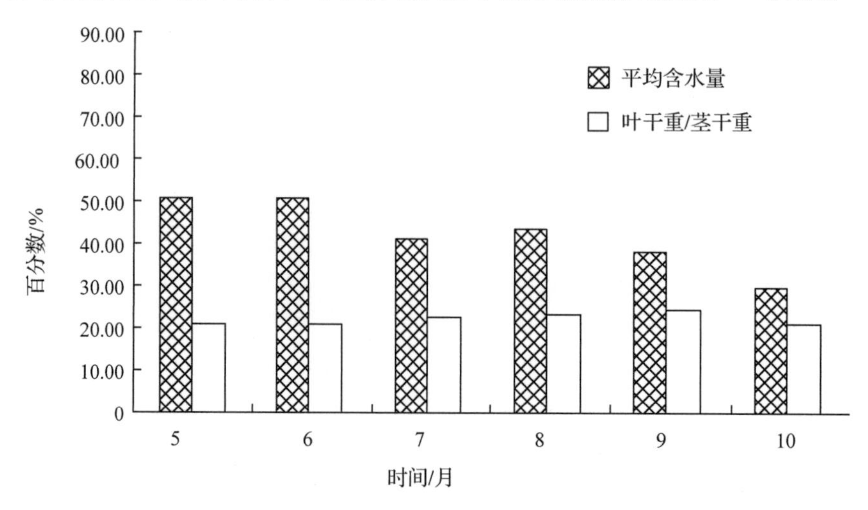

图8-2 芦苇植物组织含水量

由图8-2可知：芦苇在营养生长期内植株体内含水量要较生殖生长期含水量高10%以上，说明营养生长期对水分需求较大，此时缺水可能会直接影响芦苇植株的生长发育水平，而根、茎、叶发育成熟后，植株本身的调节能力变强，能够针对环境的变化做出不同的响应，对水分的依赖变小。叶与茎干重比在5月份最小，为0.306，而后各月有所增大，9月份达到最大值为0.359，但差异总体不显著，说明芦苇地上营养器官能量分配的变化平均幅度较小，总体上茎是叶的3倍左右。

3. 芦苇构件的生长特征

20世纪70年代初 Harper 等(2003)提出植物种群构件理论，使植物种群生态学的研究划分为由遗传单位基株形成的个体种群和由株上构件单位形成的构件种群两个层次。植物种群及个体构件生物量是植物与其生活环境因素共同作用的结果，它不仅反映植物种群对环境条件的适应能力和生长发育规律，同时也反映了环境条件对植物种群的影响程度(黎云祥，1995)。芦苇的构件主要包括地下根茎、地上茎、叶、叶鞘、花序等，由于难以获取地下根茎的大样本数据，故此，本研究主要针对芦苇的地上构件结构——主要是叶构件和茎构件，其中叶构件指标包括展叶数、叶面积等，茎构件主要是株径和株高(茎高)。

(1)平均展叶数与平均株径

植物的叶物候能够体现出植物在时间上利用资源的策略，植物生长的变化节律会随植物的叶物候变化而改变(K. Kikuzawa，1995；孙灿 等，2010)。展叶数和株径在进行指标统计时取得了平均数值来衡量各个样地芦苇群落的生长状况。

本研究在进行野外样地采样时，数清芦苇标准株的展叶数目，带回实验室用游标卡尺测量出每株芦苇的株径，统计和分析平均展叶数和平均株径的年内变化规律，从而了解芦苇群落展叶数和株径的年内生长变化节律和生长状况，结果如图8-3所示。

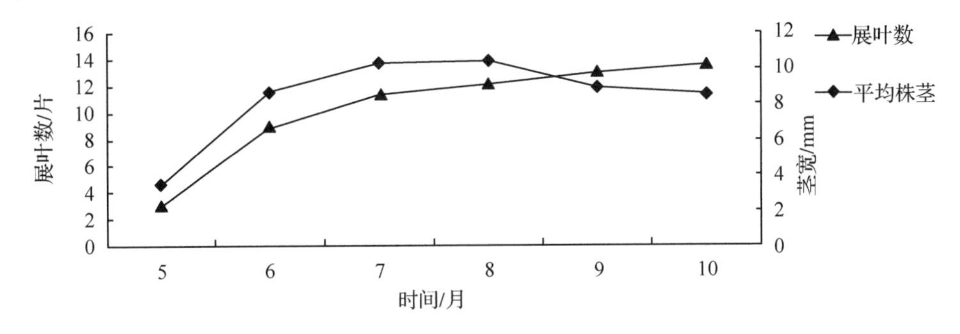

图8-3 芦苇平均展叶数和株径的年内变化动态

芦苇叶的生长发育动态较其他植物有很大不同，展叶的周期伴随着芦苇的整个生活史，因此，在一个生活史周期内，样地内芦苇的平均展叶个数是不断增长的。其中，5~7月平均叶片个数增长速度明显较快，由2.96片增至12.12片，8~10月增长较缓，群落样地内芦苇叶片从9月份开始出现枯黄脱落，但由于分蘖增多，展开的叶片个数依然出现小幅度的上升，10月已出现大面积芦苇群落枯败，叶片大面积物理脱落。平均株径的增长在5~6月最快，到8月时平均株径达到最大值10.44mm，9月和10月平均株径变小，主要是因为单株的分蘖枝条增多造成的。

(2)叶面积

叶面积的大小会直接影响芦苇的光合作用，是衡量芦苇生长特征及其变化的重要指标。银川平原芦苇群落叶面积年内变化动态曲线(图8-4)可反映出芦苇叶面积的年内变化趋势。银川平原大部分芦苇在4月中下旬开始萌芽；从5月至6月中旬主要是萌发和营养生长，开始展叶并变长变宽，单位样方内叶面积由91.57cm^2增长至274.71cm^2且增长缓慢，变化相对较小；6月到7月叶片变长变宽，叶面积增长幅度最大；7月下旬芦苇开花，进入生殖生长，7月中旬到8月中旬期间，叶面积增长相对缓慢，有较小的增长；从8月下旬到9月上中旬，芦苇个体分蘖枝条开始增多，长出许多新叶，叶面积相对7~8月增长幅度较大，但相对6~7月增长幅度小；9月中下旬到10月，芦苇叶片开始枯黄并脱落，叶面积急剧下降，到11月，整个种群地上部分全部死亡。

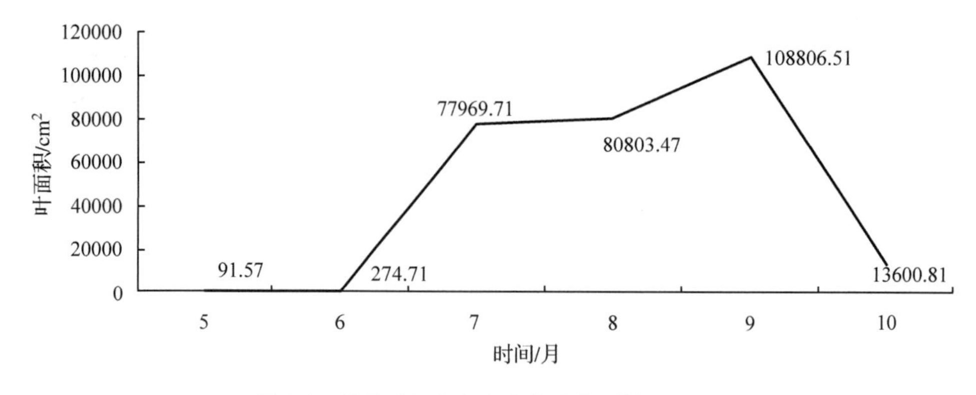

图8-4 芦苇叶面积年内变化动态（单位面积）

（3）株高和株数

株高和株数主要反映出芦苇茎的生长变化，芦苇株高生长主要靠植株抽穗前顶端优势下的不断拔节生长以及节间基部的居间分生组织使节间不断增长。监测过程中测量了样方内标准株芦苇的株高和株数，并求得株高的平均值，通过数据分析得出芦苇种群株高和株数的年内变化动态，如图8-5所示。

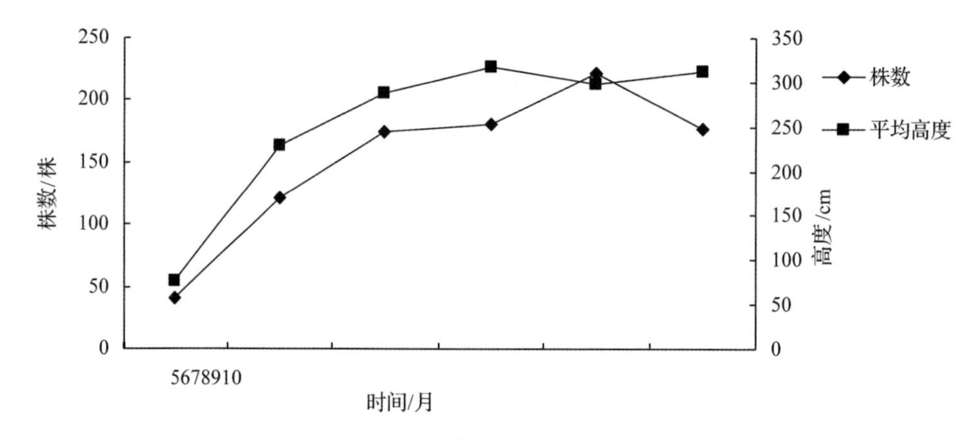

图8-5 芦苇株高与株数的年内变化动态（单位面积）

芦苇植株高度在5~6月增长最快，平均每天增高可达4cm以上，在8月芦苇植株达到最高，其后高度不再生长，平均高度在2.3m，但个别样地平均高度超过4m，甚至个别植株在5m以上；7~8月生长相对较缓，平均每天增高约1.6cm。8~9月平均株高下降是因为芦苇分蘖较多，因而这一阶段样地内芦苇株数最大，平均株数在200株/m^2左右，9月以后由于部分植株枯萎，样地芦苇存活株数有所下降并重新达到了8月的恒定水平。

4. 芦苇其他生物学特征的季节性变化规律

(1)形态特征

银川市5个典型湖泊湿地芦苇形态特征监测结果(表8-1)表明，芦苇叶长在7~10月间差异性均不显著($P>0.05$)；芦苇叶宽在8~10月间差异性也均不显著；芦苇茎粗在7月和8月比6月显著增加($P<0.05$)，而其在7月与8月间无显著差异；株高在5~8月间逐渐显著增加，相邻月份之间分别依次显著增长了77.96%、17.78%、8.21%，生长速率由快变慢，植株在8月之后基本停止生长，其在8~10月间差异不显著；单株展叶数在5~10月间变化呈现单调上升趋势，其在5~7月间差异显著，并显著低于9、10月，而8~10月间已差异不显著，单株平均展叶数稳定在13左右，基本停止生长；单株叶面积在7月急速显著增加，而在7~9月变化均不显著，基本停止增加且出现波动。可见，芦苇叶长、叶宽、茎粗在5~10月变化不显著，而其株高、单株展叶数、单株叶面积表现为先单调上升，至8月后基本维持稳定，累积速率先快后慢。

表8-1 银川湖泊湿地5~10月芦苇形态指标时序特征

月份	叶长/cm	叶宽/cm	茎粗/mm	株高/cm	单株展叶数/个	单株叶面积/cm^2
5	—	—	—	138.45±73.74d	3.96±1.53d	—
6	—	—	7.21±3.67b	246.39±87.48c	9.28±2.11c	51.43+8.17b
7	44.16±13.01a	—	7.47±3.28a	290.20±107.15b	11.24±2.96b	964.87+612.72a
8	45.07±10.11a	4.12±0.98a	8.77±4.08a	314.02±107.62a	12.29±5.17ab	1249.15+859.63a
9	48.20±12.02a	4.18±1.09a	—	309.86±105.42a	13.02±5.20a	1160.54+560.70a
10	46.94±12.19a	3.98±0.90a	—	312.08±109.52a	13.60±4.18a	—

注：同列不同字母代表差异性显著($P<0.05$)；各指标数据均为5个典型湖泊所有采样区的平均值±标准差；下同；“—”表示数据缺失。

(2)群落数量特征

芦苇群落指标在5~10月表现出不同的显著差异性(表8-2)。其中，芦苇群落盖度随时间先升后降，并以9月最大，在5~7月间盖度变化差异显著($P<0.05$)，相邻月份分别增加了21.18%、28.93%，之后波动在65%左右，且7~10月间变化不显著($P>0.05$)。芦苇群落密度亦表现出先增加后降低趋势，并在9月份达到最大值，7月份比6月份显著增加了75.77%，在9月份前后波动变化不显著。地上生物量在5~8月累积速率快且变化显著，于8月出现峰值，之后缓慢下降但不显著，表现为典型的单峰型曲线，5~8月地上生物量在相邻月份间分别显著增长了391.85%、89.96%、26.12%。芦苇单株地上生物量、单株叶生物量增长累积在6~10月表现为单峰型曲线，峰值均出现在9月，10月出现了微降，6~10月间单株地上生物量累积速率分别为41.56%、8.78%、13.65%、-13.24%；单株叶生物量累积速率分别为31.65%、24.47%、27.25%、-21.61%。芦苇单株茎秆生物量累计趋势在6~10月表现为波动性单峰曲线(峰值出现在9月)，其在6月与7月间差异显著，而在7~10月间差异均不显著；植物组织含水量表现为逐渐波动下降趋势，5月最大，10月最小，各月份间差异显著。

表 8-2 银川湖泊湿地 5~10 月芦苇群落指标时序特征

月份	盖度/%	密度/(株/m²)	地上生物量/(g/m²)	单株地上生物量/g	单株叶生物量/g	单株茎秆生物量/g	植物组织含水量/%
5	41.36±23.13c	—	494.77±632.90d	—	—	—	80.55±5.89a
6	50.12±18.01b	98.94±86.34c	2077.30±6001.24c	17.13±8.59b	3.57±3.31c	11.59±1.82b	74.80±9.25b
7	64.62±14.83a	173.91±113.85b	3946.03±4735.54b	24.25±4.03ab	4.70±2.98bc	20.02±2.94a	61.81±8.96cd
8	63.67±15.96a	176.58±122.39ab	4976.59±2416.08a	26.38±3.27ab	5.85±4.46ab	18.53±2.66ab	62.77±7.85c
9	68.82±22.40a	181.48±182.89a	4880.90±4081.12a	29.98±3.05a	7.45±5.42a	22.55±2.33a	57.66±5.95d
10	65.06±17.11a	177.50±113.49ab	4243.15±3623.85ab	26.01±2.60ab	5.84±3.65ab	20.16±2.14a	52.49±6.49d

注：同列不同字母代表差异性显著($P<0.05$)。

二、银川平原湿地芦苇的年际动态

1. 银川平原湿地芦苇种群年际动态

年际动态是种群或群落不同年份间的变动特征。通过 2011 年、2012 年、2013 年对艾依河(魏家桥段)、丽子园(即木材厂湖)、鸣翠湖、文昌双湖、阅海等 5 个片区、7 个样点单一芦苇群落的连续观测，选取了芦苇生长旺盛季节(即 6 月底到 7 月中旬)的各生长数据进行分析，得出不同年份各指标间的年际差异(表 8-3)。

表 8-3 宁夏湿地芦苇群落监测指标间的年际差异

年份	密度/(株/m²) M±SD	高度/cm M±SD	盖度/% M±SD	展叶数/片 M±SD	株径/mm M±SD
2011	186±110ab	287±75.22a	62.69±8.87b	12±1.01a	8.40±3.08a
2012	93±56.3a	240±62.43a	51.50±18.84b	12±2.20a	6.50±1.44a
2013	145±48.4a	266±44.88a	80.50±6.12a	13±3.06a	7.64±1.81a

注：M 为均值，SD 为标准误，同列不同小写字母表示差异显著($P<0.05$)。

由表 8-3 可知，密度在 2011 年高于其他的两年，平均密度达到了 186±110 株/m²，(平均值±标准误，下同)，2012 年密度值是最低的，为 93±56.3 株/m²。2013 年的芦苇密度与 2011 年及 2012 年都没有显著差异，而 2011 年与 2012 年有显著差异($P<0.05$)。高度在三年之中是呈先增加后降低然后又增加的趋势，但后面增加的幅度不大，2011~2013 年的平均高度依次为 287±75.22cm、240±62.43cm、266±44.88cm，年平均高度之间都没有显著差异。盖度在 2011—2013 年这 3 年中的变化也是先下降后增加，2012—2013 年增加的幅度大于 2011—2012 年下降的趋势，2013 年盖度值达到了 80.50%±6.12%，2011 年与 2012 年盖度没有显著差异，而 2011 与 2013 年及 2012 与 2013 年都有显著差异。展叶数从 2011—2012 年保持不变，平均值都为 12±1.01、12±2.20 个，2012—2013 年是增加的，而 3 年展叶数的年际间没有显著差异。株径在 3 年中也是呈先下降后增加的趋势，2011—2013 年株径的平均值依次为 8.40±3.08mm、6.50±1.44mm、7.64±1.81mm。

总体上看来，银川平原芦苇群落的各生态指标在 3 年中的变化除了展叶数以外，都是呈先降低后增加的趋势，2012 年各指标都偏低。2013 年降雨量相对丰富，主要集中在夏末秋初，是芦苇营养生长旺盛期，各指标又有了增加的趋势，但密度、高度、株径在2012—2013 增加幅度都没有 2011—2012 年下降的幅度大。因此，就整体而言，2011—2013 年芦苇的各指标还是呈现出下降的趋势，这表明银川平原芦苇群落在一定程度上表现出衰退的趋势。

2. 银川平原典型湖泊芦苇群落的年际动态

鉴于鸣翠湖南湖样地在三年连续监测中受人为干扰最小且样本量较大(共 3 组，各重复 3 次)，其各项监测指标的差异可以较好地评判芦苇群落的年际动态变化。

(1)生态指标的差异

从表 8-4 中可以看出，鸣翠湖芦苇 2013 年的密度在三年中是最大的，达到了(133 ± 31.90)株/m^2，但 2013 年与 2011 年及 2012 年都没有显著差异，2011 年与 2012 年也没有显著差异($P<0.05$)，介于79(±39.11)~110(±30.14) 株/m^2之间。高度在3 年中都没有显著差异，2011 年高度在 3 年中是最高的，达到了 333(±52.75)株/m^2，其次是 2013 年，2013 年与 2012 年相差不大。2013 年的盖度与 2011 年及 2012 年都有显著差异($P<0.05$)，2011 年与 2012 年的盖度没有显著差异，2013 年的盖度在 3 年中是最大的，达到了 67.25 (±2.89)%。展叶数和株径年际间都没有明显的差异，展叶数从 2011~2013 年有逐渐增加的趋势，平均展叶数分别为 11、13、13，展叶数大小顺序依次为 2013 年 >2012 年 >2011 年。株径从 2011 年到 2012 年有增加趋势，而 2012 年到 2013 年有减少的趋势，平均株径分别为 10.07 ±3.40mm、15.76 ±18.57mm、9.07 ±2.53mm，株径大小顺序依次为 2012 年 >2011 年 >2013 年。节间数从 2011 年的 13 ±1.00 个增加到 2012 年的 15 ±2.65 个，2012 年和 2013 年的节间数是相等的，都是 15 节，虽然节间数从 2011 年到 2012 年有所增加，但年际间节间数的差异并不显著，在年际间芦苇差异不显著是很正常的，这可能与芦苇本身的属性相关，还可能是因为所观察的年限有限，节间数在 3 年内表现不出太大的差异。在这几个指标中只有盖度的年际变化有差异，这可能与每年的气候条件导致芦苇自身生长期延迟而存在差异，也不可避免地存在人为测量误差，故此，芦苇的年际盖度到底是否存在差异还有待进一步考证。

表 8-4　鸣翠湖芦苇生态指标的差异

	密度/(株/m^2)	高度/cm	盖度/%	展叶数/片	株径/mm	节间数/个
2011	110 ±30.14a	333 ±52.75a	50.52 ±2.69b	11 ±1.16a	10.07 ±3.40a	13 ±1.00a
2012	79 ±39.11a	278 ±23.59a	43.75 ±16.77b	13 ±2.65a	15.76 ±18.57a	15 ±2.65a
2013	133 ±31.9a	279 ±59.48a	67.25 ±2.89a	13 ±2.08a	9.07 ±2.53a	15 ±1.73a

注：同列不同小写字母表示差异显著($P<0.05$)。

(2)密度、高度、盖度的年际变化

从鸣翠湖芦苇密度的 3 年连续监测值(图 8-6)中可以看出，芦苇密度从 2011 年到 2012 年是降低的，2012 年到 2013 年又快速增加，并且达到 3 年中的最大值 133 株/m^2。盖度的变化和密度的变化趋势一样，2011—2012 年是降低的，2012—2013 年是增加的，并且在 2013 年达到最大值为 67.25%。比较芦苇高度的年际变化，2011 年是 3 年中最高的，平均值达到了 333cm，2012 年和 2013 年高度有所下降，分别为 278cm 和 279cm。

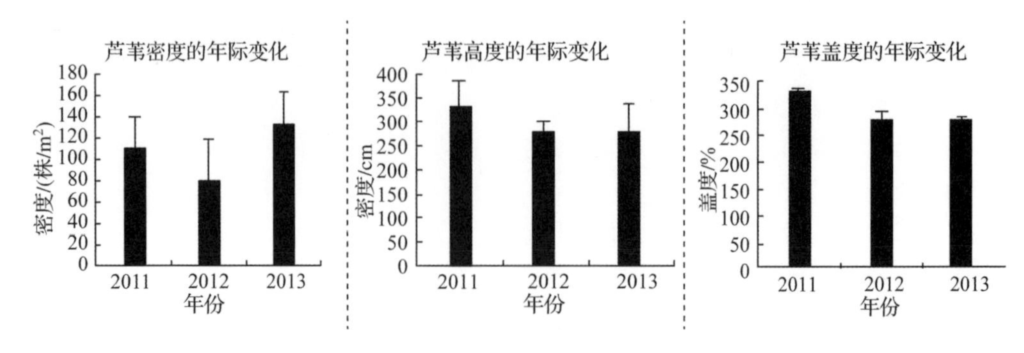

图 8-6　鸣翠湖芦苇密度、高度及盖度的年际变化

(3)芦苇展叶数、株径、节间数的年际变化

由图 8-7 可以看出，鸣翠湖芦苇的展叶数在 2011—2013 年的变化是增加的，2011 年芦苇的平均展叶数为 11 片/株，到 2012 年达到了 13 片/株，2013 年与 2012 年相比没有变化。株径在 3 年中的变化呈峰形，在 2012 年达到最大峰值，平均值为 15. 76mm，2011 年和 2013 年值都较低，分别为 10. 07mm 和 9. 07mm。芦苇节间数的年际变化和展叶数的变化趋势相似，2011 年为 13 个/株，到 2012 年和 2013 年增加到 15 个/株。一般情况下，芦苇的展叶数与节间数是呈正比的，一个节生长一片叶子，但是由于芦苇生长后期，芦苇茎底端的叶枯萎脱落了，所以平均节间数比展叶数要多。

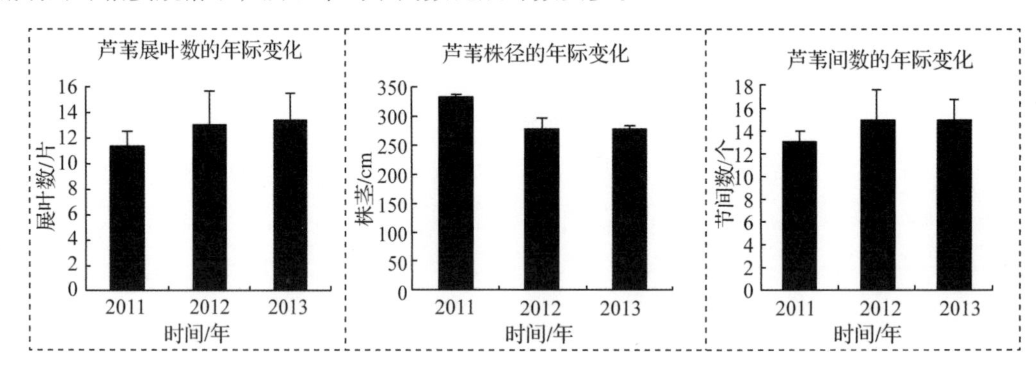

图 8-7　鸣翠湖芦苇展叶数、株径及节间数的年际变化

三、讨论与结论

植物生长状况取决于环境中的光、热、水、气等生态要素及其配合，气温和降水因素的影响尤其显著(李旭 等，2009)。银川平原湿地的水源补给普遍比较复杂(孙胜民 等，2012)，但总体上大气降水不是主要湿地补水水源。对生长季各月均温、生长季平均气温和年平均气温(表 8-5)3 个年度的比较可以发现，除 2011 年 5 月均温(17. 5℃)与 2012 年 5 月均温(19. 3℃)变差稍大外，其他各组数值的变化都很小，应当不足以引起银川平原芦苇种群的上述生长指标的年际差异。要找出芦苇生长年际差异的主要影响因素，除了需要更长时段的群落定位监测，更需要对相关生态要素进行长期连续观测取值，如气温指标，应当有旬平均气温、极端事件等的更多指标的观测数据，才能做出比较准确的解析。

表8-5 2011—2013年银川市域生长季平均气温/℃

年份	4月	5月	6月	7月	8月	9月	10月	生长季平均	年平均
2011	13.8	17.5	24.3	24.7	23.6	15.6	10.5	18.5	9.9
2012	13.7	19.3	23.1	25.2	23.9	16.7	11.2	19.0	10.7
2013	13.1	19.7	23.1	24.4	24.4	17.5	11.3	19.1	11.2

就鸣翠湖南湖芦苇种群的观测结果来看，其密度和盖度在3年中的变化都是2013年的值最大，2012年除株径以外，各特征值都是最小的；高度和盖度在2013年最高，而高度恰好与密度、盖度两个特征的值相反；展叶数在2011—2012年是增加的。因此，总体上2012年是鸣翠湖南湖芦苇种群生长状况最差的一年，究其原因，既有可能与当年的气候条件有关——如倒春寒导致旺盛生长季低温；也有可能与春季湿地补水不合理有关。本研究目前的观测已发现：芦苇春季萌发和生长对温度的要求超过对水分的要求，如在半湿半干的一片苇塘中，芦苇在干塘部分4~6月的生长状况优于明水部分。因此，有关银川平原芦苇年际动态的研究还需要更加广泛的监测和实验研究。

McGraw等(1990)认为监测植物的生物学指标具有重要的生态学意义。从本研究中5个典型湖泊湿地芦苇各生物学指标的监测结果综合来看，芦苇的生长过程呈现明显的季节性规律。在5~7月间芦苇处于快速生长期，生长速率快，各生物学指标(形态指标、群落数量指标)增加显著($P<0.05$)；在8~9月生长累积速率降缓，各生物学指标的峰值均出现在8月或9月，芦苇生长达到最盛期；在10月到生长后期，各生物学指标出现下降或上升，但变化均不显著($P>0.05$)，此时芦苇部分叶片开始枯萎，部分植株出现折损，导致盖度、密度、地上生物量的下降，预示着衰退期来临，物质和能量储存开始向地下部分转移，以保证次年芦苇根茎的正常分蘖繁殖。

从各指标分别来看，芦苇株高变化在时间序列上表现为先迅速增加，之后基本维持不变，这与管博等(2014)、许秀丽等(2014)的研究结果一致；同时芦苇在7~8月间陆续进入有性生殖期，植株开始抽穗，因而此时间段株高明显增加($P<0.05$)。芦苇种群密度在6~7月间和在8~9月间显著增大($P<0.05$)，而在在7~8月间和在9~10月间变化不显著($P>0.05$)，芦苇种群密度的阶梯式增加，体现出芦苇种群的密度制约效应及种群自疏法则(许秀丽，2014；崔保山，2006)，这与李长明等(2015)、王雪宏等(2008)的研究结果类似；同时，芦苇种群密度在8~9月间的显著增加还可能与根茎新分蘖有关(2007)。芦苇的叶片作为主要的光合器官，为植株提供了营养物质，承担着合成有机质和存储能量的功能，因而资源配置稳定的成熟叶片的大小、形状差异不大，叶片表型可塑性小。生物量累积动态过程是植物生活史理论研究的重要内容，有助于理解生态系统碳循环(Gilmanow T G，1997)。本研究表明芦苇生物量指标在时间序列上为单峰型曲线，与前人有关芦苇种群生物量季节变化规律(孙文广，2015；张佳蕊，2013)的研究结果一致。芦苇组织含水量表现出单调下降趋势，生长初期植株组织鲜嫩，植物含水量高，生长盛期植株逐渐成熟，植物组织含水量下降，生长末期植株开始枯萎，植物组织含水量进一步下降。

可见，由于自然界存在季节周期性变化，因而芦苇生长也具有生活史周期，一年中大致要经历萌发期、营养期、生殖期、衰退期和休眠期。芦苇通过物质分配和调控完成生长发育过程，蕴涵着深刻的适应机理(邱天，2014)，反映出芦苇种群很强的生活史投资策略

(陈哲，2011)和生态适应性(Ruzi M，2010)，也说明芦苇种群适应性及可塑性强，从而保证了芦苇种群的持续生存和繁衍。芦苇首先通过个体形态特征变化表达，进而影响到种群和群落尺度。芦苇生物学特征的变化是芦苇生长发育过程的直观映射，而芦苇生长的季节周期又是芦苇生物学特征变化的内在驱动力，体现着芦苇的生态型，反映着芦苇植株的结构与功能，折射着芦苇种群的生存策略。

李兴东等人早在 1991 年对芦苇生长季内的动态监测研究就提出芦苇生长季的前期增长较快与芦苇湿地上一个季节物质的累积有关。芦苇种群高度在生长季的动态除了受自身发育节律的影响之外，主要受气温因子的影响，生长季内土壤水分一般处于饱和状态，根据我国的气候类型，芦苇的生长季内，土壤水分和大气湿度是不会成为限制因子的。因此，降雨量的多少并不很重要，过多地降雨有可能使种群生境中的空气湿度处 于长期饱和状态从而抑制植物蒸腾作用，进而影响植物的生长发育，生长季初期的几个月，芦苇的增长速度维持在较高的水平，这一时期的植物个体除了通过光合作用获得能量外还可以从积累在根茎中某些物质的降解得到补充，并且这一时期土壤中的营养物质也是相对充足的，随着上一个生长季积累的能量的耗尽以及种群密度的增加，种内对资源的竞争必然加剧，从而相应的增长速度也会降低。但是地上净生物量的增长节律与芦苇本身的高增长节律是不同步的。也就是说生长季的初期，虽然芦苇增长的速度快，但是地上的净生产量增长缓慢，这一阶段的芦苇植株处于形态建造的初期，干物质量的累积较少。随着芦苇植株的形态建造的基本完成，地上净生产量开始较快地增长，一直到接近最大生产量，之后又开始缓慢增长。在种群的平均高度达到最大值后约一个月，地上的净生产量也达到最大值。地上净生产量的增长可能与有效积温有关系，有研究者证实地上生物量与有效积温呈现显著的正相关关系。从生长季中气温的变化节律以及植物个体的发育规律来看是受有效积温的影响，但是综合考虑动态变化过程，发现芦苇种群的地上生物量增长主要受植物自身生长发育规律的调节，同时种内竞争，即密度效应制约也会影响着生物量的增长，这也证明了环境的容纳量是有限的，合理密植才能得到最高的产量。为揭示种群生长发育的限制因子，进一步对其生境条件、生理生态进行研究是必需的，考虑到它在农业生产上的重要意义，这种研究也是必要的。在此基础上才能有助于科学地指导生产，促进湿地资源的合理开发利用。

第3部分
芦苇及其生境要素

第9章 芦苇种群对生态环境的适应及表现类型

芦苇是广生态幅植物，可以在多种不同生境下生存。芦苇个体及种群在不同的水深、水位、营养、盐度、气候条件等单独影响或交互影响下，生理结构、外部形态会发生程度不同的分化和变异，产生不同的生态型。在不同胁迫条件交互影响下，芦苇个体的植株高度、叶面积、基部株径、节间个数、圆锥花序、解剖结构和生理生化过程等特征都会发生变化。干旱区的湿地芦苇按照生境差异往往被划出不同的生态类型，如沼泽芦苇、淡水沼泽芦苇、咸水沼泽芦苇、低盐草甸芦苇、高盐草甸芦苇、淡水芦苇和巨型芦苇等，其中沼泽芦苇、淡水沼泽芦苇、淡水芦苇和巨型芦苇大多分布在水分充裕的湖泊湿地、沟渠上游等，而咸水沼泽芦苇、低盐草甸芦苇和高盐草甸芦苇大多分布在含盐量较高的洼地、沟渠下游以及盐碱地等。本研究主要根据个体和种群特征，运用软件对银川平原13个样点的芦苇种群进行离差平方和聚类分析，根据种群的高度、盖度、株高、株径等8个生长指标将芦苇种群表型归为不同表现类型。

一、银川平原芦苇种群的表现特征

生态学研究的两个核心问题是适应与进化，植物为了适应环境的变化，其遗传多样性和空间分布格局都会发生变化(张剑 等，2005)。植物的性状尤其是表现型在不同的环境下会呈现出差异，表现型的每一次改变都体现出植物对环境变更的忍受能力(杨允菲 等，2001)。表现型(或表型)是指具有特定基因型的个体在一定环境条件下所表现出来的各种形态特征和生理特征的总和。芦苇种群在不同生境下往往表现出差异性的生态学特征。根据银川平原13个样点288个样方的调查结果，将芦苇样方的株高、株径、叶面积、生物量和展叶数等参数输入到Excel里进行平均值和标准误差分析，可以得到各个样点之间单位样方内芦苇种群的生长特征参数，描述统计得出的结果如下表9-1、表9-2所示。

表9-1　不同样地芦苇的生长特征及其标准差(一)

样点	样地位置	盖度/%	高度/m	鲜重/kg	干重/kg
1	艾依河	67.60±1.73	1.60±0.07	4.09±0.73	1.55±0.33
2	宝湖1	58.32±4.19	2.89±0.27	10.14±1.73	2.07±0.31
3	宝湖2	53.00±6.14	1.52±0.23	2.31±0.51	0.67±0.19
4	丽子园1	48.46±4.53	2.36±0.19	8.21±2.85	2.70±0.17
5	丽子园2	75.45±6.06	2.12±0.15	8.43±1.58	2.69±0.60
6	鸣翠湖1	66.25±4.56	3.25±0.22	10.79±1.70	2.46±0.43
7	鸣翠湖2	60.88±5.05	2.85±1.07	9.25±1.56	2.46±0.37
8	鸣翠湖3	63.96±3.46	3.89±0.20	9.55±1.64	2.75±0.70
9	阎家湖1	69.17±3.93	4.06±0.22	11.78±1.73	4.42±0.96
10	阎家湖2	45.58±4.46	3.24±0.24	6.49±0.87	2.46±0.39
11	阎家湖3	59.75±5.73	2.47±0.20	5.01±0.63	1.48±0.19
12	文昌双湖	52.33±3.88	1.93±0.16	3.10±0.85	0.64±0.15
13	阅海	68.77±4.11	2.46±0.15	8.04±1.80	2.95±0.62

表9-2　不同样地芦苇生长特征及其标准差(二)

样点	样地位置	株数	株径/mm	叶面积/m^2	展叶数/片
1	艾依河	417.4±23.56	4.13±0.32	3.93±1.06	12.12±1.28
2	宝湖1	100.18±12.88	9.42±0.71	7.72±0.97	11.32±1.39
3	宝湖2	477.17±7.78	3.43±0.14	1.67±0.76	9.18±0.92
4	丽子园1	126.67±15.28	10.71±1.28	2.22±0.60	10.15±0.90
5	丽子园2	258.18±39.14	10.43±4.79	5.03±0.13	12.8±1.48
6	鸣翠湖1	101.71±11.25	8.94±0.56	5.11±1.11	9.99±0.89
7	鸣翠湖2	173.46±22.69	6.84±0.46	9.67±2.21	10.67±1.13
8	鸣翠湖3	84.92±10.37	13.49±1.24	8.04±1.21	11.46±0.77
9	阎家湖1	116.33±16.49	10.83±1.24	9.96±1.71	12.03±0.95
10	阎家湖2	52.71±4.33	9.91±0.69	4.16±0.50	8.68±0.88
11	阎家湖3	125.75±8.53	6.42±0.80	2.30±0.63	10.18±0.40
12	文昌双湖	136.61±14.84	5.52±0.56	1.26±0.41	9.36±0.66
13	阅海	215.23±34.34	7.09±0.73	8.68±2.75	13.58±1.12

由表9-1、表9-2可以看出，实验样地中鸣翠湖1、鸣翠湖3、阎家湖1、阎家湖2、丽子园1和宝湖1等样点的湿生芦苇种群生长成熟后植株较为高大粗壮，叶片宽长，但种群密度和生物量等各有差别；通过野外的实地观察发现，这些样地芦苇生长迅速，进入有性生殖期的时间要比其他芦苇种群早。艾依河、宝湖2、文昌双湖等芦苇植株相对矮小纤细，叶片小而窄，但种群密度较大；同时样地中的较高大芦苇植株处于明显的弱势地位。样地中的鸣翠湖2和阎家湖1的叶面积在所有样地中的最为突出，并且在实际观测时也发现这类芦苇进入有性生殖期的时间较其他芦苇种群要晚。

总体上来看，银川平原芦苇生长的环境较为复杂，不同样点芦苇生长的水环境和土壤基质存在差异，不同样点芦苇种群的表现特征也参差不齐。从生物量、盖度、高度，到株高、株径、展叶数等都存在不同程度的差异。因此，进行进一步的求同存异的比较，才能更好地厘清银川平原芦苇对生态环境差异性的适应。

二、银川平原湿生芦苇表现类型的划分

1. 聚类分析

聚类分析是指将物理或抽象的集合分组成为由类似对象组成的多个类的分析过程，本着“物以类聚”的道理，对样品或指标进行多元统计分析，要求具有大量的样品能够按照各自的特征进行合理的分类。根据样地中芦苇的生长特征指标划分的类型，是为芦苇的表现类型，亦称表现型。为避免芦苇样地在选择时的主观性，分析时使用 Systat Sigmaplot 12.0 对所有测定生态特征数据采用离差平方和聚类分析。

聚类分析的思路是对于 n 个观测，先计算其两两距离得到一个距离矩阵，然后把离得最近的两个观测合并为一类，然后只剩下 n－1 个类，计算这 n－1 个类两两之间的距离，找到最近的两个类将其合并，剩下 n－2 个类，依此类推，直到剩下两个类把它们合并为一个类为止。在进行芦苇种群的表型分类时，各个样本之间采用了平方欧氏距离，把统计数据里性状相同的样点类型类聚到一起(陶方玲，1995；马利，2008；Pei Huatu；2010)，这是一种在生态学领域比较常用的分类方法。野外研究观测个数 n＝13，分别为样点 1：艾依河；样点 2：宝湖 1；样点 3：宝湖 2；样点 4：丽子园 1；样点 5：丽子园 2；样点 6：鸣翠湖 1；样点 7：鸣翠湖 2；样点 8：鸣翠湖 3；样点 9：阎家湖 1；样点 10：阎家湖 2；样点 11：阎家湖 3；样点 12：文昌双湖；样点 13：阅海。进行分类的变量 v 有 8 个，分别为盖度、株数、株径、叶面积、高度、展叶数、鲜重和干重，通过分类得到图 9-1。

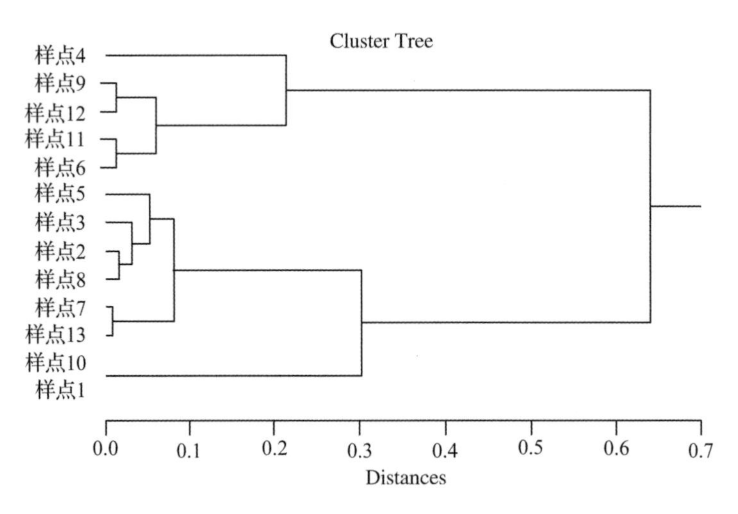

图 9-1　芦苇种群表现类型的离差平方和聚类分析结果

注：样点 1 代表艾依河；样点 2 代表宝湖 1；样点 3 代表宝湖 2；样点 4 代表丽子园 1；样点 5 代表丽子园 2；样点 6 代表鸣翠湖 1；样点 7 代表鸣翠湖 2；样点 8 代表鸣翠湖 3；样点 9 代表阎家湖 1；样点 10 代表阎家湖 2；样点 11 代表阎家湖 3；样点 12 代表文昌双湖；样点 13 代表阅海。

根据上图分类的结果，在距离为0.218水平上把样点4归为一种类型，并命名为表型P1；把样点6、9、11、12归为一种类型，并命名为表型P2；把样点2、3、5、7、8、13归为一种类型，并命名为表型P3，把样点1和10归为一种类型，并命名为表型P4。然后根据聚类分析的结果，对P1、P2、P3、P4的生长指标重新进行平方值和标准误差分析，得出的结果如表9-3所示。

表9-3　银川平原芦苇群表现型的生长指标

指标(平均值)	群落表型分类序号			
	P1	P2	P3	P4
盖度/%	48.46±4.53	61.94±2.45	63.08±1.97	62.75±3.63
鲜重/g	8.21±2.85	8.64±0.93	8.47±0.71	7.81±1.20
干重/g	2.70±0.17	2.88±0.30	2.38±0.22	2.20±0.29
高度/m	2.36±0.19	2.92±0.15	2.80±0.11	2.50±0.18
株数	126.67±15.28	117.77±7.09	181±16.18	219.56±27.12
株径/mm	7.99±0.45	10.71±1.28	8.77±0.64	6.09±0.40
叶面积/cm^2	2.22±0.60	4.60±0.68	7.53±0.80	7.25±1.70
展叶数/片	10.15±0.90	10.35±0.45	11.55±0.48	11.07±0.89

由上表可以看出：P1表现型的湿生芦苇种群的种群指标和单株生物学指标在4种表型芦苇中没有任何凸显之处；P2表现型的湿生芦苇种群的各指标中生物量、株高和株径占有绝对优势；P3表现型的湿生芦苇种群展叶个数是最多的，随之叶面积也是最大的；P4表现型的湿生芦苇群落的株数最大，表明其生长密度最大，盖度也较大，但它的株径是最小的。综上所述，银川平原湿地芦苇可描述为：P1—矮粗稀疏低产型；P2—高粗稀疏高产型；P3—高细密集高产型；P4—矮细密集低产型。

2.4 种表型芦苇生长的水土环境差异性

造成四种表型芦苇种群和个体生长指标差异性是由多个生境因子共同作用的结果，受实验条件的限制，对水深、速效氮、速效钾、有机质、全氮等因子的测试分析结果进行统计，以对比生境的差异。而针对光照、水量、水流速度等环境条件由于年内的多变性，无法采集到足够数据进行分析。

4种表现型芦苇生境的差异性通过柱状图(图9-2)可以很好地反映出来。P1表型芦苇水深环境为负值，但在野外实际观测的状况是P1表现型芦苇的水深并不是总处于负水位的状态，在生长过程中会发生季节性淹水的情况。其中，有机质含量的排列顺序与通径分析得出的生物量与各养分关系得出的结论是一致的，即有机质含量最能决定芦苇产量。虽然不能对表型的差异性进行客观分析，但是从图9-3可以看出，P2表现型芦苇种群的生态因子指标在各个表型芦苇种群中都处于较高水平，而P4表现型芦苇种群除速效钾较P3高外，其他因子水平都处于较低水平。P2和P4表现型芦苇种群分别处于生境的两个极端，针对P2和P4两种表型芦苇进行单独分析，又发现了生态学上的其他现象。

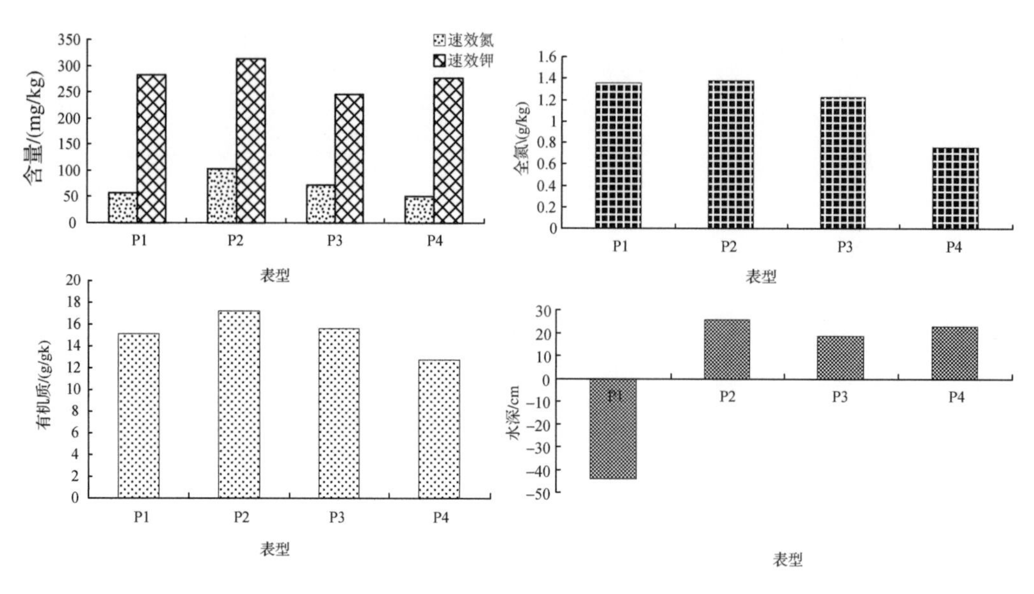

图 9-2　4 种表型样地生长环境对比

3.“产量恒定法则”与生殖策略

根据表现类型 P1、P2、P3、P4 和 13 个样点的生长指标可以看出，在限定的环境承载压力下，湿生芦苇的种群密度对个体(生物量、株数)的影响比较明显，随着芦苇密度的降低，其生物量有逐渐变大的趋势。由图 9-3 可以看出，8～10 月，P1 与 P4 的产量十分接近，即单位面积的生物量与密度关系不显著，特定的地点能够维持的单位面积产量总是比较接近的，这非常符合“产量恒定法则”的描述，表明单位面积内芦苇生物量与密度没有直接关系。

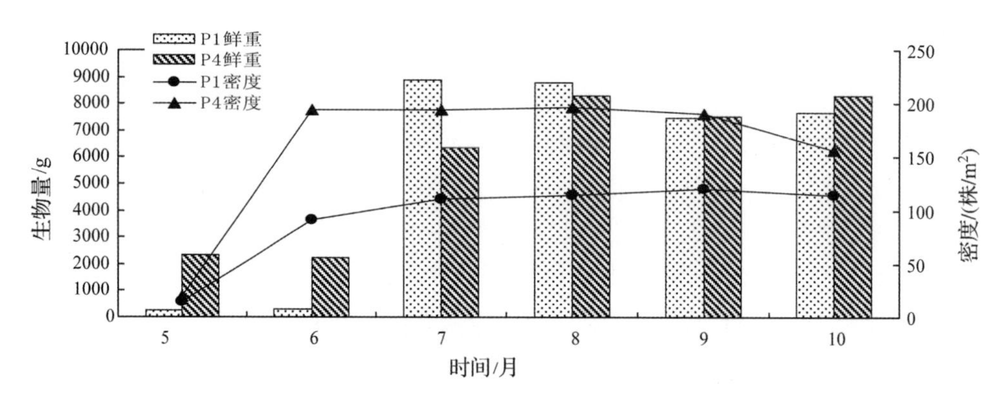

图 9-3　P1 和 P4 表型芦苇单位样方鲜重、密度的动态变化

由表 9-4 可以看出，芦苇萌发时(4～5 月)个体生长的差异性较小，在生长初期(6 月)二者的个体生物量也没有很大的差距，但进入 7 月、8 月时，个体生物量逐步拉大。P4 芦苇样方种群的密度一直保持在较高的水平，而 P2 芦苇样方的种群密度变化是先逐渐升高然后降低，之后保持在一个基本恒定的水平，P2 样地芦苇的个体生物量变化是逐步增高至恒定的，变化幅度较 P4 的个体生物量要大很多。通过 P2 和 P4 两者的比较，P2 型芦苇种群株数变化在生长季是比较小的，而 P4 型芦苇种群株数在生长季的变化幅度较大，这

说明P2型湿生芦苇种群生长环境比较恒定，营养生殖水平较低；而P4型湿生芦苇种群内部对资源的竞争比较激烈，营养生殖水平较高。

表9-4 P2和P4表型芦苇单位样方密度、单株鲜重及高度的动态变化

时间/月	密度/(株/m²)		单株鲜重/g		株高/m		株径/mm	
	P4	P2	P4	P2	P4	P2	P4	P2
5	19.50	30.00	119.64	101.46	1.14	2.08	4.50	4.29
6	193.83	69.33	11.61	76.83	2.01	2.63	7.81	11.36
7	193.83	115.13	32.69	64.68	3.03	3.78	8.65	11.50
8	196.00	122.25	39.79	121.23	3.26	4.01	8.92	11.77
9	190.50	171.50	34.34	154.08	3.26	3.58	8.59	9.15
10	156.67	122.00	53.01	83.87	3.29	3.41	8.89	10.17

银川平原湿生芦苇植株的自然分蘖大都发生在8~9月，分蘖枝条少则2、3株，多则8、9株，都属于一级分蘖的枝条，极少见有二级分蘖枝条，株径一般是1~4mm，高度一般在0.1~0.8m之间，展叶个数5~15个，但叶片短而窄，且生活周期很短，大多不会抽穗，10月开始伴随着母株枯萎死亡。关于芦苇植株分蘖的研究国内外极少，几乎找不到可参考的资料。有研究表明，禾本科植物分蘖与基质的温度、光照、浮力和水流速度等密切相关(梁应林 等，1999；孙祥武 等，2006；王立志 等，2009)。银川平原芦苇植株分蘖现象较为复杂广泛，通过观察总结，样地边缘地带芦苇母株分蘖枝条的个数要大于样地中心地带，浅水生境下分蘖数目要大于深水生境，分蘖的角度和位置各不相同。

由于湿生芦苇的地下根茎分布十分凌乱和复杂，受实验条件的影响，针对湿生芦苇群落地下生物量的研究并没有一个很好的概括，国内针对湿生芦苇地下根茎的研究也十分少见，但是，芦苇地下根茎的发育情况是衡量芦苇群落的一个重要指标，不可忽视。

三、4种表现型芦苇年内生长动态差异性分析

根据芦苇年内生长的平均水平对芦苇的表型进行划分后，可以得出种群和个体的差异，但为了更好地将它们在整个生活周期中区分开来，得出它们生长的差异性，分别从生物量、株高、株径、平均展叶数、叶面积、株数和盖度等指标的年内变化趋势进行总结分析，得出以下结果。

1. 生物量年内变化动态

从图9-4可以看出P2表现型的芦苇在植株成熟后(8~9月)生物量达到最大，总生物量大小依次为P2 > P3 > P1 > P4。

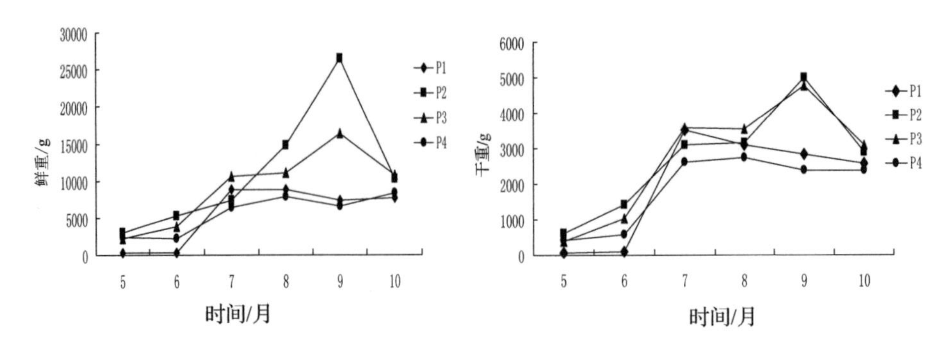

图 9-4　4 种表型芦苇生物量的年内变化动态

2. 株高和株径

由图 9-5 可以看出：4 种表现型芦苇的株高依次为 P2 > P3 > P4 > P1。平均株径的增大在 5~6 月最快，到 8 月时平均株径达到最大值，9 月和 10 月平均株径变小是因为单棵植株的分蘖枝条增多造成的，因此，在 8 月时 4 种表型芦苇平均株径 P2 > P3 > P4 > P1，9 月时平均株径 P3 > P2 > P4 > P1。

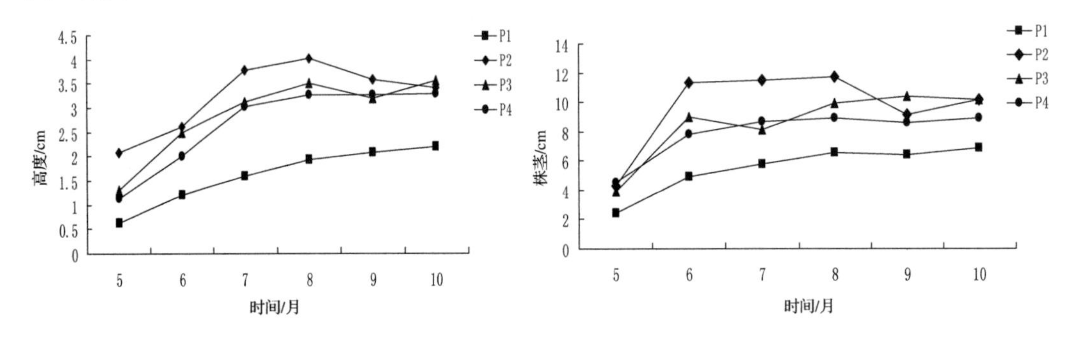

图 9-5　4 种表型芦苇株高和株径的年内变化动态

3. 平均展叶数和叶面积

图 9-6 反映了由聚类分析得到的 4 种表型平均展叶数、叶面积的变化差异，由图可知，8 月时，4 种表型芦苇展叶个数的排列依次为 P3 > P4 > P2 > P1，而 9 月时，由于 P4 型芦苇的分蘖要较 P3 型芦苇多，展叶数也超过 P3 型芦苇，依次为 P4 > P3 > P2 > P1。4 种表型芦苇叶面积之间的变化趋势与展叶数具有一定的相似性类似，P3 > P2 > P4 > P1。

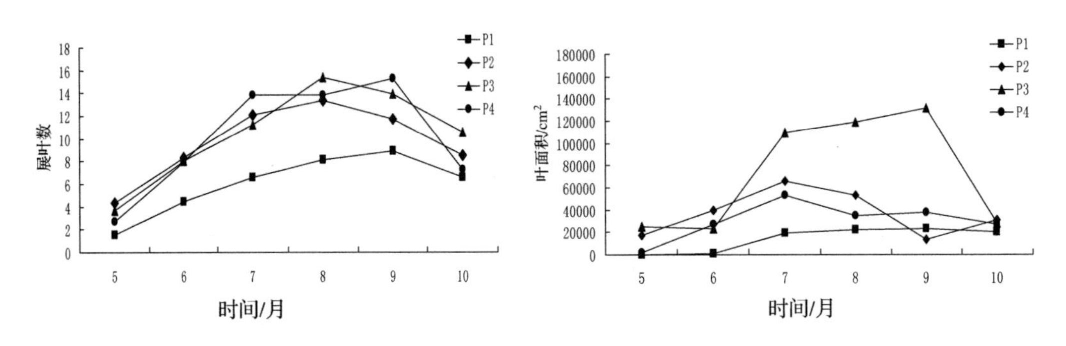

图 9-6　四种表型芦苇展叶数和叶面积的年内变化动态

4. 株数

4 种表型芦苇种群株数和密度的变化各不相同(图 9-7)，其中 P4 型芦苇表现较为突出，种群密度在 6 月时已经达到了较高水平，而其他表型芦苇在 9 月时由于分蘖，种群密度才达到最大值，结合高度与株径等表现特征，说明 P4 型芦苇采用了 r-选择的生殖策略。

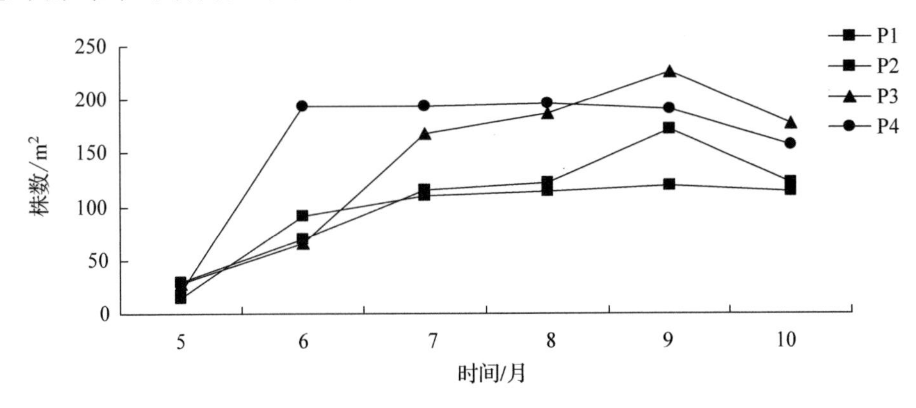

图 9-7 四种表型芦苇株数的年内变化动态

5. 盖度

盖度是群落结构的一个重要指标，它不仅代表了芦苇种群所占有的水平空间面积和在一定程度上反映了芦苇同化面积的大小，也在一个重要方面表明了芦苇与其他植物之间的相互关系。而通过实际观察发现，湿生芦苇在整个群落中是单一的优势种，次要层植物的种类、个体数量等几乎可以忽略不计，因此在调查的过程中统计了单位样方内芦苇种群的盖度来代表整个群落的盖度，统计的结果如图 9-8 所示。

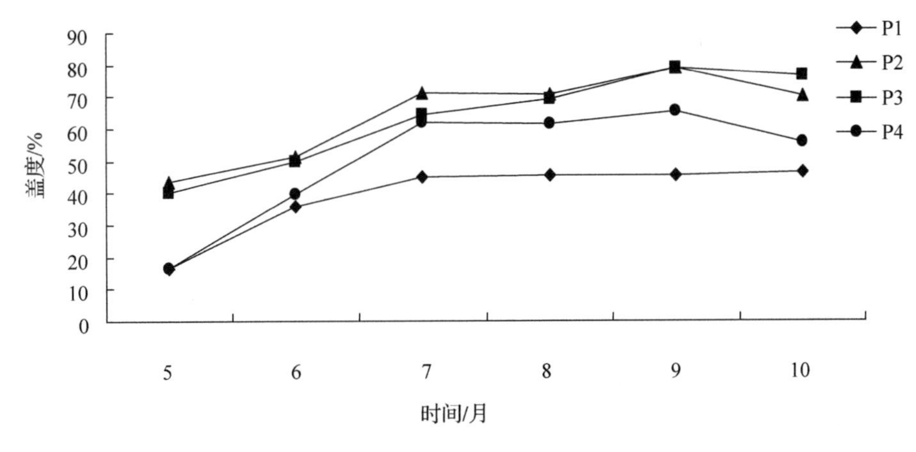

图 9-8 四种表型芦苇盖度的年内变化动态

芦苇群落盖度在 5~7 月变化最大，在 5~8 月时 P2 表现型芦苇的盖度始终最大，各表型盖度大小依次为 P2 > P3 > P4 > P1，而 8~9 月时 P3 型芦苇盖度超过 P2，说明 P3 型芦苇的种群内部出现较大的变化，此时，各表型盖度大小依次为 P3 > P2 > P4 > P1，这与种群平均株径的变化规律是一致的，而种群生长发育早已成熟(母株数目不再增加)，说明在此时间段内，P2 表型芦苇的单株分蘖数目要大于 P2 表现型的芦苇。

四、讨论与结论

芦苇作为一种广生态幅的世界种，其种群在湖泊、沼泽、林地、沙丘及岩境均有分布，在我国分布亦非常广泛。我国芦苇资源丰富，分布集中而广泛，几乎遍及全国各地。在芦苇对不同生境的长期适应过程中，个体及种群间发生了分化和变异，形成了生态学上互有差异、异地性的类群，具有各自稳定的形态、生理生化和生态学特征，构成种内丰富的生态型（Lin 等，2007）。在不同的环境压力如水深、盐度、气候和土壤等因子交互影响下，芦苇植株的高度、叶面积、节间数、基径、圆锥花序、生理过程、解剖结构等特征会发生变化，因此传统上常基于形态、生理或解剖结构等特征进行芦苇的生态型分类（庄瑶等，2010）。

早在 1972 年，就有报道芦苇有两种生态类型，即盐生的和非盐生的（Waisel，1972）。之后又有学者报告中国河西走廊的芦苇有 4 种不同生态型，即沼泽芦苇、沙丘芦苇、盐化草甸芦苇和盐化草甸沙丘芦苇（张承烈，1992）。同时，有些学者针对芦苇的表型和生理特征对芦苇的形态变异特征进行了归类：相同的地理气候区内不同生境中芦苇的形态变异被定义为生境生态型，不同地理气候区芦苇的形态变异被定义为地理生态型（Hanganu J，*et al*，1999），同一群丛内芦苇的克隆或形态变异，一般被认为植株为适应环境条件变化而改变表现型（Kuhl，*et al*，1999；Koppitz，*et al*，1999；Pauca-Comanescu，*et al*，1999），芦苇植株形态受环境决定而非基因型，种群生长在干扰程度高的生境中具有更高的克隆多样性（Zeidler，*et al*，1994）。

银川平原湿地芦苇虽然都生活在积水或土壤过湿的环境中，但不同样点芦苇生长的水环境和土壤基质有差异，芦苇种群从生物量、盖度、高度，到株高、株径、展叶数等都有程度不同的差异。通过对 13 个样点的芦苇的生长指标的离差平方和聚类分析，将银川平原芦苇种群分为了 4 个表现类型（P1、P2、P3、P4），按各自的主要形态特征，可以描述为：P1—矮粗稀疏低产型；P2—高粗稀疏高产型；P3—高细密集高产型；P4—矮细密集低产型。

对比各表型芦苇的生境差异，可以发现：P1 型芦苇生长在季节性淹水土壤上；P2 型芦苇的各生态因子指标都处于较高水平；P3 型芦苇的养分与水分状况处于中等水平；而 P4 型芦苇有最高的速效钾水平。分别比较 P1 与 P4 型芦苇、P2 与 P4 型芦苇，可以较好地显示出生态学上“最终产量恒定法则”和生殖对策差异。对 4 种表型芦苇生物学指标的年内动态变化分析得出的结果与离差平方和聚类分析分析后得出的各指标特征也基本吻合，水分、养分的梯度变化是造成银川平原湿地芦苇适应特征差异的主要原因，光照和热量条件差异的影响还有待研究。

第10章 水深环境对芦苇生长的影响

水是湿地生态系统中最为敏感的环境因子(谭学界 等，2006)。水深则是影响湿地植物的关键环境要素，影响着湿地植物的生长、发育及分布(LUO，*et al*，2009)，是湿地植物赖以存在的物质基础(许秀丽 等，2014)。芦苇的广布性和较高的社会、经济、生态价值，使得国内外学者开展了大量研究。其中，芦苇生长与水深环境的关系研究是重要的切入视角。国外相关研究表明水深对芦苇的生长繁殖、株高、叶面积、生物量动态配置等生物学特征有显著影响(Pauca，*et al*，1999；Vreare，*et al*，2001；Hayball，*et al*，2004)。同时还有研究发现合理的水位调控有利于湿地芦苇的生长繁衍(Timmermann，2006)。国内具有代表性的研究表明，水深是芦苇株高、茎粗(即株径)、盖度、叶绿素含量、生物量等生理生态特征变化的关键驱动因子(李长明 等，2015；管博 等，2014；邓春暖 等，2012)。然而，国内关于水深因子对芦苇生长过程及其生物量季节配置的研究，涉及区域主要有松嫩平原、黄河三角洲、长江三角洲、太湖、鄱阳湖、杭州湾、内蒙古地区等湿润、半湿润与半干旱地区。干旱地区仅限于河西走廊及塔里木盆地的荒漠绿洲，且为旱生芦苇，关于干旱地区湿生芦苇种群对水深的响应还未见报道。银川平原地区在大力推进湖泊湿地恢复工程的同时，存在着芦苇种群的严重退化，访谈调查中发现水位的频繁变化被认为是湿地芦苇退化的主要原因。本研究通过对银川平原13个水深存在梯度差异的湿生芦苇样地的监测，将各水深数据与芦苇群落的生物量、高度、株径、株数、叶面积等指标进行多元分析，以揭示水深与芦苇生态学特征变化的内在机制。

一、芦苇生态学特征与水深环境相关性分析

在群落水平上，银川平原湿生芦苇多组成较为单一的优势种群，样地内偶尔会有香蒲分布，其他物种特别稀少。在不同的水深环境下，芦苇的表现型有着不同程度的差异，相

关性分析能够较好地反映出水深与芦苇各生长指标特征的关系。采用 SPSS 19. 0 将水深与芦苇的生物学特征的标准化数据进行了相关性分析，结果显示(表 10-1)：水深与芦苇的株径、株高、盖度、叶面积、展叶数等生物学指标等存在不同的相关关系，说明水深显著影响芦苇各个生长指标；水深与样方内的株数呈极显著负相关关系，说明随着水深的增加，单位样地内芦苇种群的株数存在明显的下降趋势；水深与生物量的相关性并不大，不排除样方的个数不足以表达出二者之间关系的可能。

表 10-1　水深与各生物学指标间相关系数

	水深	株径	高度	盖度	株数	叶面积	展叶数	鲜重	干重
水深	1. 000								
株径	0. 618*	1. 000							
高度	0. 690**	0. 710**	1. 000						
盖度	0. 527*	0. 240	0. 270	1. 000					
株数	-0. 546*	-0. 689**	-0. 676**	0. 292	1. 000				
叶面积	0. 571*	0. 197	0. 142	-0. 104	0. 227	1. 000			
展叶数	0. 654*	0. 164	0. 105	0. 839**	0. 138	-0. 070	1. 000		
鲜重	0. 447	0. 577*	0. 751**	0. 406	-0. 416	-0. 205	0. 336	1. 000	
干重	0. 295	0. 724**	0. 719**	0. 432	-0. 453	-0. 072	0. 477	0. 875**	1. 000

注：* 表示在 0. 05 水平(双侧)上显著相关，**. 表示在 0. 01 在水平(双侧)上显著相关。

二、芦苇生态学特征对水深环境的响应分析

湿生芦苇群落主要生长在水分较为充足的环境中，会受到水流的流速、透明度、水温、水分梯度、水化学及生长基质所含营养物质的影响，其分布对水分响应的差异性有很大关系(谢涛 等，2009)。由于相关性分析不能得出芦苇各生长指标与水深的具体作用关系，无法对其进行综合评价，因此采用软件 Systat Sigmaplot 12. 0，对各个样地进行线性拟合分析。分析时将各个样地全部样方的芦苇生长指标采用平均水平，分别以 X 和 Y 代表芦苇的生长指标和水深。最后得出了芦苇种群与水深的线性和非线性关系方程，由此来探索原生环境下芦苇群落特征随水深的变化趋势。

通过卡方值检验发现：盖度、干重、鲜重、展叶数与得到曲线方程的拟合程度不高，说明它们水深梯度的变化情况不明显，而其他指标都比较明显。在水深范围为 -0. 8 ~ -1. 2m范围内，高度与水深的关系为 $y = 1.5485x^3 - 0.3252x^2 + 0.2574x + 2.4652$；随着水深的增加，芦苇的高度是不断增加的。在 -0. 8 ~ -1. 2m 水深范围内，水深与叶面积呈现出非线性拟合关系，关系式为 $y = 57421x^3 + 4864.1x^2 - 1062x + 32396$，变化非常明显，以 -0. 29m为界限，在 -0. 29m 以下，叶面积呈现逐渐下降的趋势，在 -0. 29m 以上时，叶面积先缓慢增高，后随着深度的增加，叶面积会呈现出急剧增大的趋势。在 -0. 8 ~ -1. 2m水深范围内，水深与株径的关系呈现出两端高中间低非线性拟合的情况，关系为 $y = -0.0275x^3 + 7.0357x^2 + 0.2818x + 4.8974$，值得注意的是在实验水深极低的情况下，土壤单位含水量都是饱和状态，因此必须要考虑到土壤含水量，含水量相对较低时，这个公

式是不适合的。在 -0.8~1.2m 水深范围内，单位面积内株数与水深关系为 $y = 190.84x^2 - 250.24x + 183.57$，即随着水深的增加，单位面积内芦苇种群的株数是不断下降的，在较浅的水位水平上芦苇种群的生长较为密集，较深的水位水平种群生长较为稀疏(图 10-1)。

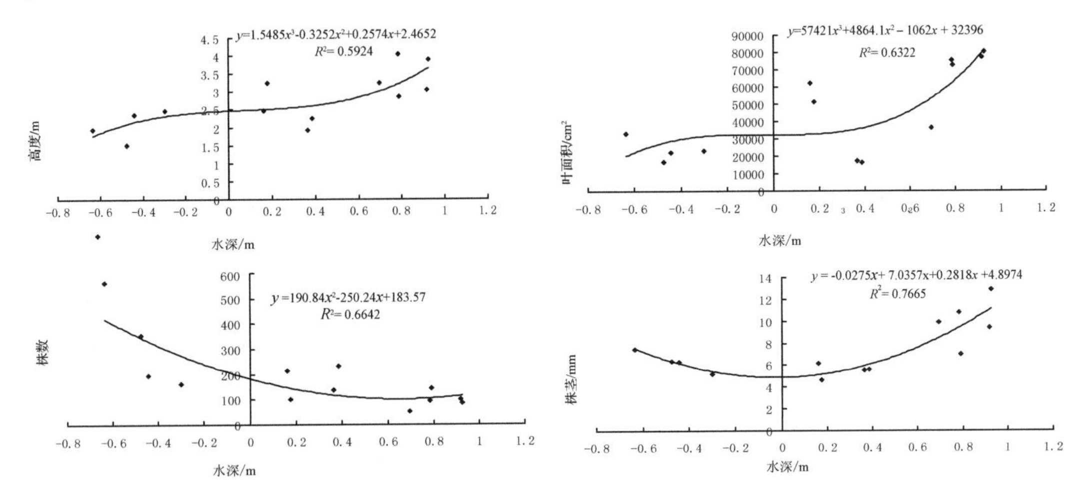

图 10-1　芦苇各生长指标与水深的线性或非线性拟合

通过上述拟合曲线可以发现：芦苇各生长指标随水深都有一定变化，其中高度、盖度、叶面积、株数、株径的变化规律相对较为明显，而生物量和展叶数随水深梯度的变化不明显。由于本野外实验只进行了一年，样本量不够大，所以运用 Systat Sigmaplot 做出拟合曲线的 R^2 值相对控制实验都偏小。除生物量、展叶数与水深之间做出的拟合曲线因 R^2 太小不可取之外，其他生长指标的拟合曲线在一定程度上都可以反映出它们与水深之间的关系。

芦苇种群的萌发一般开始于 4 月，实验表明浅水环境有利于芦苇萌芽，水深过大水温上升慢，也会影响芽的光合作用和根部的呼吸作用，不利于春季萌发；而水深过低时(-0.6m以下)，会造成芦苇萌发缓慢延迟，通过野外的观察，适宜水深条件芦苇的萌发状况会最好。在进入 6~7 月的快速生长季节时，芦苇生长需要大量的水分，水深较大的芦苇生长速度要较水深小的生长速度快。初步研究表明，芦苇对不同的水深下其表型特征有着明显变化，水深较低的环境下芦苇的平均高度和平均株径没有明显优势，但其种群密度却有着明显的增大，这说明种群在生长过程中采用 r-选择的生殖对策，即发育较快，数量较多但体形相对偏小；水深较大的条件下，芦苇的平均高度和株径有着明显的增大，同时由表 10-1 也能看出芦苇的株径和高度与株数都是呈极显著负相关的关系，这是种群内部自疏的现象，说明种群内部竞争较为激烈，可能是为了获得更的多光照和养分，种群在生长过程中采用了 K-选择的生殖对策，即株高、株径和叶片大小等体型指标都较高，但种群密度有着明显下降。

总之，银川平原湿地芦苇在 -0.8~1.2m 的水深梯度下都有生长，其中芦苇的株径、高度、盖度、叶面积等指标与水深指标显著相关；株数与水深指标极显著相关；生物量和展叶数与水深的关系不明显。在 -0.8~1.2m 的水深梯度范围内，随着水深的增加，芦苇的高度是不断增加的；叶面积呈现先下降再增大的趋势；株径则呈两头高中间低形式；株数则呈降低趋势。在相同水深条件下，芦苇种群的生长状况也并不完全一致，可见水深条件并不是影响芦苇种群生长的唯一因素，环境基质中土壤的盐分和营养物质差异等对土壤基质与湿生芦苇群落的生长关系需进一步探讨。

三、不同水深梯度下芦苇的生态学特征变化

为了找出银川平原湖泊湿地芦苇生长的最佳水深阈值，通过选取4个水深梯度，即Ⅰ(0~5cm)、Ⅱ(5~25cm)、Ⅲ(25~50cm)、Ⅳ(50~150cm)，对不同水深梯度下芦苇种群生长特征进行比较探究。水深梯度的设置参照了国内外相关的研究成果，不同水深梯度芦苇生境如表10-2所示。

表10-2　芦苇种群水深梯度生境特征

水深梯度	Ⅰ	Ⅱ	Ⅲ	Ⅳ
水深范围	0~5cm	5~25cm	25~50cm	50~150cm
生境描述	干湿交替	持续淹水	持续淹水	持续淹水

不同水深梯度生物量及株高如表10-3所示，叶生物量、茎秆生物量、地上生物量、株高均受水深因素影响显著，各生物量指标在梯度Ⅳ环境下与梯度Ⅰ、Ⅱ、Ⅲ环境下差异显著，株高在不同水深梯度下差异均显著。具体来说，梯度Ⅱ、Ⅲ、Ⅳ的地上生物量在梯度Ⅰ的基础上分别增加了26.92%、23.39%和67.99%，叶生物量分别增加了30.52%、19.92%和0.44%，茎秆生物量分别增加了25.58%、24.69%和93.15%。随着水深的加深地上生物量呈现波动增加，且叶生物量和茎秆生物量的增幅表现出明显的不同步。进一步比较叶生物量/地上生物量(L/A)、茎秆生物量/地上生物量(S/A)，结果发现从梯度Ⅰ~Ⅳ，L/A分别是27.14%、27.91%、26.37%和16.23%，S/A分别是72.86%、72.09%、73.63%和83.77%，表明随着水深的加深，叶生物量对地上生物量的贡献变化幅度不大，茎秆生物量对地上生物量的贡献呈现波动上升。芦苇株高对水深增加的响应为非线性正相关，梯度Ⅱ、Ⅲ、Ⅳ的株高在梯度Ⅰ的基础上分别增加了19.46%、25.44%、44.72%。

表10-3　不同水深梯度间芦苇生物量及株高差异

水深梯度	叶生物量/(g/m²)	茎秆生物量/(g/m²)	地上生物量/(g/m²)	株高/cm	L/A/%	S/A/%
Ⅰ	933.64±237.94B	2506.64±2165.79C	3440.28±3353.54C	275.82±90.36C	27.14	72.86
Ⅱ	1218.62±706.85A	3147.77±2124.38B	4366.38±2775.29B	329.50±107.81B	27.91	72.09
Ⅲ	1119.60±597.60A	3125.48±2011.24B	4245.08±1304.69B	346.00±109.68B	26.37	73.63
Ⅳ	937.77±624.95B	4841.54±3368.05A	5779.31±3902.41A	399.18±83.07A	27.26	83.77

注：同列不同字母代表差异性显著($P<0.01$)。各生物学指标均为地上生物量和株高的最大值。

图10-2是不同水深梯度生物量及株高累积变化。水深梯度Ⅰ、Ⅱ、Ⅲ、Ⅳ下5~10月生物量及株高动态变化，不同水深梯度下各生物量指标、株高的动态变化受水深因素影响极显著($P<0.01$)。芦苇种群叶生物量、茎秆生物量、地上生物量变化趋势基本呈现单峰

曲线，株高变化规律也基本一致，呈现单调上升，表现为先迅速增加，之后基本维持不变，但是各生物量指标和株高存在不同的极显著差异($P<0.01$)。具体来说，梯度Ⅰ下各生物量指标均在5~7月累积速率快，为最优生长期，7月出现峰值，之后基本停止生长；梯度Ⅱ下各生物量指标均在5~9月累积速率快，长势良好，9月出现峰值，之后快速下降，为典型的单峰曲线；梯度Ⅲ下各生物量指标均在5~9月累积速率快，生长优良，8月和9月茎秆生物量和地上生物量均较大，之后各生物量指标缓慢下降；梯度Ⅳ下各生物量指标总体上呈现波动型单峰曲线，5~7月生物量累积速率快，7~10月各生物量指标整体较高但有波动。值得注意的是，不同水深梯度茎秆生物量和地上生物量的变化趋势相似，茎秆生物量对地上生物量的变化起支配作用。不同水深梯度下，株高在5~7月生长速率均较快，之后梯度Ⅰ下株高基本停止生长，梯度Ⅱ和梯度Ⅲ下株高缓慢匀速生长，梯度Ⅳ下株高达到最高但出现波动；梯度Ⅰ到Ⅳ株高最大值分别是275.82cm、329.50cm、346.00cm和399.18cm，依次出现在8月、9月、9月和7月。梯度Ⅱ和梯度Ⅲ的株高变化趋势接近，梯度Ⅰ和梯度Ⅳ的株高变化趋势相似，但梯度Ⅳ的株高明显高于梯度Ⅰ的株高。5~10月各水深梯度的芦苇生物量和株高的累积速率明显不同，水深梯度从Ⅰ~Ⅳ即水深由浅到深，各生物量指标的极显著差异性趋向复杂，株高则相反。

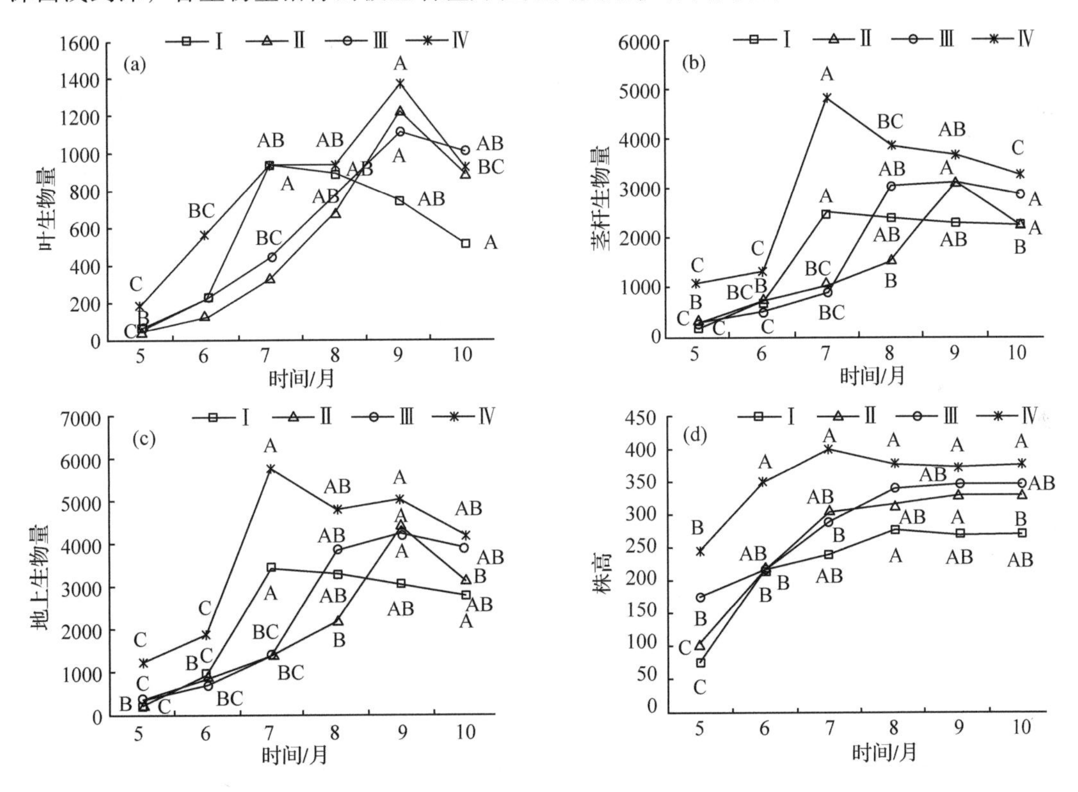

图10-2 不同水深梯度芦苇生物量生长累积变化及差异

注：不同字母代表差异性极显著($P<0.01$)。

对水深梯度Ⅰ、Ⅱ、Ⅲ、Ⅳ下的株高与各生物量指标进行Pearson相关分析，进一步对株高与各生物量指标进行回归分析拟合最佳回归方程，具体统计结果见表10-4。水深梯度Ⅰ、Ⅱ、Ⅲ、Ⅳ下的株高与各生物量指标都存在不同程度的极显著相关($P<0.01$)或显

著相关($P<0.05$)，其相关系数表现出小—大—小的变化规律(图 10-3a)，株高与各生物量指标相关性靠前的均在梯度Ⅲ中，依次是株高与茎秆生物量、地上生物量，分别为 0.606、0.575。综上，水深梯度从Ⅰ~Ⅳ，株高与各生物量指标的相关系数均是倒“V”字形变化，即水深浅时，株高与生物量指标的相关性小，随着水深增加，相关性增大，之后水深继续增加，相关性则减小。通过对株高与各生物量指标最佳回归方程的 R^2 变化趋势的比较(图 10-3b)，结果发现，水深梯度从Ⅰ~Ⅳ株高与各生物量指标的 R^2 均呈现倒“V”字形变化，适宜水深梯度株高与生物量拟合程度高，水深过高或过低则拟合程度低，验证了相关系数的变化规律。

表 10-4 不同水深梯度下株高与生物量 Pearson 相关性及回归方程

梯度	X 自变量	Y 因变量	最佳拟合方程	a	b	R^2	F 值	Pearson 相关性
Ⅰ	H	AB	Y = aXb	0.168	1.734	0.397	61.875	0.174 *
		LB	Y = aXb	0.119	1.531	0.317	43.573	0.181 *
		SB	Y = aXb	0.082	1.811	0.419	67.891	0.208 *
Ⅱ		AB	Y = aXb	0.153	1.626	0.467	43.755	0.464 **
		LB	Y = aXb	0.011	1.820	0.482	46.528	0.381 **
		SB	Y = aXb	0.097	1.661	0.460	42.649	0.483 **
Ⅲ		AB	Y = aX + b	12.489	-847.744	0.330	18.253	0.575 **
		LB	Y = aXb	0.025	1.722	0.214	10.096	0.442 **
		SB	Y = aX + b	9.907	-785.535	0.367	21.450	0.606 **
Ⅳ		AB	Y = aXb	6.656	1.011	0.097	6.574	0.203 *
		LB	Y = aX + b	1.608	258.555	0.063	4.117	0.251 *
		SB	Y = aX + b	3.529	1.053	0.101	6.891	0.287 *

注：** 相关性在 0.01 水平(双侧)上极显著相关，* 相关性在 0.05 水平(双侧)上显著相关；H、AB、LB、SB 分别代表株高、地上生物量、叶生物量，茎秆生物量。

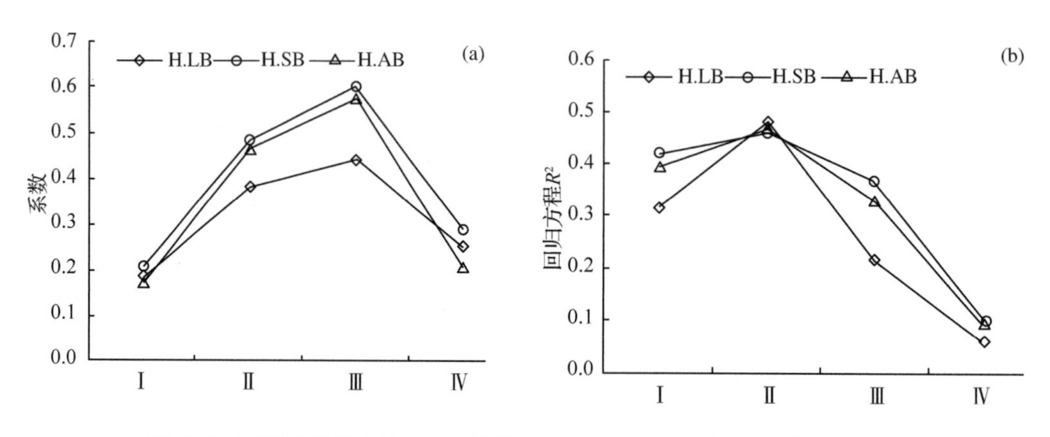

图 10-3 不同水深梯度株高与生物量 Pearson 系数和回归方程 R^2 变化趋势

四、讨论与结论

大量研究表明，水体深度对芦苇的生长有显著影响，黄河三角洲芦苇种群随年平均水深增加，芦苇平均株高和株径均呈增加趋势，平均高度与平均水深以及平均株径与平均水深的拟合曲线 R^2 分别为0.17048和0.16664，说明芦苇的平均高度与平均株径和平均水深呈显著相关(崔保山 等，2006)。而苏州太湖湿地芦苇生物量与水深的动态特征研究表明，芦苇的根冠比及密度随着水深的增加而降低，而芦苇的株高却随着水深的增加而升高(王丹 等，2007)。由扎龙湿地芦苇群落生长特征对水深梯度变化的响应得出结论，随着水深的变化，物种间存在明显的替代关系，物种的生态替代体现在不同样方间共有种的作用上(杨晓杰 等，2012)。

毕作林等(2007)通过利用高斯模型定量确定了芦苇种群对水深的响应关系，得到了黄河三角洲湿地芦苇种群最终的水深生态幅为 -0.64~1.01m，最适生态幅为 -0.23~0.60m。另外对莫莫格湿地芦苇研究结果表明：15cm 水深是确保芦苇湿地不退化的最小生态水位，在该水深条件下，芦苇株高、生物量和盖度等指标尚能保持较好状态，而35~45 cm的水深能显著提高芦苇株高、生物量，是芦苇生长的适宜生态水位(邓春暖，2012)。黄河三角洲芦苇的平均株高和平均株径与平均水深呈显著正相关，芦苇平均密度和平均盖度值与平均水深拟合曲线的变化呈非线性变化趋势，在平均水深为0.30m时，芦苇平均密度和平均盖度出现明显的峰值，随水深环境梯度的变化而向峰两侧递减(王丹 等，2007)。芦苇的生长还会受到水位波动的影响，Deegan 等设计实验发现，在水位波动为 ±15cm、±30cm 和 ±45cm 的范围内，芦苇在 ±30cm 幅度的处理下生物量达到最大，在适度的水位波动下对芦苇的生长可能是有益的。

本研究表明：在个体和种群水平上芦苇生长特征指标与水深都呈相关或极显著相关关系；水深与芦苇的株径、高度、盖度、叶面积、展叶数和密度关系显著，其中叶面积、高度、株径、株数随水深变化规律比较明显；同时，高度、盖度、株径、展叶数和叶面积等都与水深表现出不同程度曲线拟合，它们的生长与水深密切相关，水深过大会抑制芦苇种群密度；这些研究结论与学者们分别在白洋淀湿地、扎龙湿地、乌梁素海湿地以及黄河三角洲湿地等地区的研究得出的结果具有相似之处；但是水深变化条件相对较为恒定的样地水深与芦苇株数成反比的结果和其他学者得出的结论有一定的差别，这可能是由于研究所在区域不同和种群遗传差异性造成的(袁桂香 等，2011；杨晓杰 等，2011；郭卫华 等，2011；张剑 等，2005)。

研究中发现，芦苇地上生物量随着水深的加深呈现波动增加趋势，叶生物量、茎秆生物量波动增加表现出明显的不同步，水深越深，茎秆生物量增幅越明显，且增幅大于叶生物量；随着水深的加深，叶生物量对地上生物量的贡献变化幅度不大。茎秆生物量对地上生物量的贡献则呈现波动上升，随水深增加芦苇种群把地上生物量更多的配置给茎秆，其目的就是为了适应更深的水环境以防止植株折损，体现了芦苇种群较强的适应性和可塑性。叶作为主要光合器官，承担着合成有机物的重要功能，因而随着水深的加深，叶生物量对地上生物量贡献的变幅不明显。已有研究表明，芦苇种群可通过增高长粗(崔保山 等，2006)、改变生长速率(Peng Yulan，2008)、调整种群密度(王丹 等，2010；赵文智等，2003）等生态策略，间接导致生物量变化。本研究中，不同水深梯度芦苇叶生物量、茎秆生物量变化的不同步性和对地上生物量贡献的差异性，本质上也反映出芦苇种群对不同水深环境的适应策略。随着水深的增加，芦苇种群不断调整其叶、茎秆的分配策略，间接影响了芦苇生物量，使得水越深，生物量越大。邓春暖等（2012）对莫莫格湿地芦苇的研究就表明，水深是芦苇生理生态特征变化的关键驱动因子；冯忠江等（2008）的研究也认为，水深是芦苇生物量的主要促进因子。

研究显示，不同水深梯度下芦苇种群生物量在时间序列上为单峰曲线，与前人有关芦苇种群生物量季节变化规律（王雪宏 等，2008；孙文广，2015）的研究结果一致。但是不同水深梯度的生物量累积速率、生物量峰值等均有明显不同。水深因子影响了芦苇生长速率（Peng Yulan，2008），致使生物量累积速率出现差别，即水越深，生长速率越快，生物量累积效应越明显。不同水深梯度，芦苇所增加的地上生物量中给茎秆生物量的“偏斜”明显，其累积效应明显大于叶生物量的累积效应。Hendrik（1989）的研究认为，植物构件生物量表现出的累积变化差异，与环境、生活史对策等密切相关。本研究中水深因子则是生物量累积速率及峰值差异的驱动力。芦苇作为大型挺水植物，对不同的水深梯度有很强的适应调整能力（Weisner SEB，1996），其通过调整生长策略来适应不同的水深环境，符合种群实现其扩展和延续的生存繁衍原则。同时，植物生长总是有合理的耐受范围，梯度Ⅰ芦苇 7 月以后基本停止生长和梯度Ⅳ株高、生物量出现波动，可能就是对其水深梯度适应能力低所致。研究中发现，芦苇株高变化表现为先迅速增加，之后基本维持不变，管博等（2014）、许秀丽等（2014）、李长明等（2015）的研究结果也表明，芦苇株高随时间序列为单调上升趋势。但在各水深梯度株高的累积速率具有明显差异，5 ~ 7 月株高生长速率均较快且深水区株高生长速率快于浅水区，之后浅水区梯度Ⅰ株高基本停止生长，深水区梯度Ⅳ株高出现波动，而梯度Ⅱ和梯度Ⅲ株高继续匀速生长。这种差异既反映出芦苇具有较强的可塑性，又反映出芦苇生长对水深变化响应的非线性。可塑性体现在水深增加，芦苇可以通过向高处生长获得更多的光照资源（段小男，2004），只有足够的高度挺出水面，才能有效地将 O_2 输送到根茎。非线性体现在株高的生长变化有其最佳的水深阈值区间，梯度Ⅰ水深过浅，芦苇普遍矮小，梯度Ⅳ水深过深，芦苇高大但易出现折损，梯度Ⅱ、Ⅲ水深适宜，株高变化呈现出平稳的单调上升。芦苇采取调节株高生长速率的策略来适应不同水深环境和完成生长过程，使其朝着有利于种群持续生存和繁衍的生态型发展，体现出了很强的生境适应性和生态适应策略（Vretare V，2001；Ruzi M，2010）。

不同水深梯度下株高与生物量存在显著相关，但是 Pearson 相关系数及拟合曲线 R2 存在差异，表现出单峰变化规律，这可能是芦苇生长过程与不同水深环境协同适应的结果。实际上，植物采取不同适应环境的生存策略，本身就是植物功能性状协同变化的自然选择过程。因而芦苇种群生物量、株高等性状对不同水深环境存在协同变化，这种动态变化有其必然性和选择策略，协同控制着芦苇的生长过程。就本研究的水深梯度而言，株高与生物量指标的协同适应在同一水深梯度基本一致，但是不同水深梯度间协同能力存在差异。在梯度Ⅰ（0 ~ 5cm）和Ⅳ（50 ~ 50cm）水深，株高与生物量的相关性较低，可调节性和生长协调性低，对水深的协同适应能力较差。梯度Ⅱ、Ⅲ的水深条件适宜，株高与生物量的相关性较高，耦合程度高，长势良好。Hermans 等（2006）的研究认为，株高和生物量的关系对植物生长调节很重要，在资源受限的生境中尤为重要。水深过高或过低对芦苇的生理形态特征都具有一定的制约作用(王丹 等，2010)，环境梯度先对芦苇生物学特征产生影响(徐海量 等，2004)，从而造成协同适应能力的差异。

本研究还表明，水深环境因子发生变化，最直接的响应就是芦苇株高和生物量发生变化，体现在芦苇叶生物量、茎秆生物量变化的不同步性及对地上生物量贡献的差异性，株高、生物量累积速率的差异性，株高与生物量协同适应能力的差异性，本质上反映的是芦苇种群的生态适应策略，一般认为特定环境因子的变化，最先响应的就是植物生长特征的改变。在 -0.8~1.2m 的水深梯度范围内，随着水深的增加，芦苇的高度是不断增加的；叶面积呈现先下降再增大的趋势；株径呈两头高中间低形势；株数呈降低趋势。芦苇种群生物量、株高受水深影响显著，不同水深梯度，芦苇种群生物量、株高累积速率存在差异，生物量与株高协同适应能力也存在差异。芦苇种群对水深梯度变化的响应并非线性，其生长特性对水深变化存在一定的阈值区间。就本研究而言，在梯度Ⅰ(水深 0~5cm)干湿交替生境下，芦苇种群与环境协同适应能力低，易出现退化，景观效果欠佳。在梯度Ⅱ(水深 5~25cm)和Ⅲ(水深 5~50cm)持续淹水生境中，芦苇种群对水深环境的生态适应性高，株高和生物量协同适应能力强，芦苇生长优良，且较为节水、生态效益较好，是芦苇生长的最佳水深阈值区间。梯度Ⅳ(水深 50~150cm)的深水环境，生物量大，株高高，芦苇长势良好，但与水深的协同适应能力低，易出现波动，景观效果一般且耗水量大。因此在银川平原湖泊湿地的生态恢复中，应该充分考虑芦苇生长的最佳水深阈值，遵循湖泊湿地植物群落生态序列更替规律，使其生态效益、社会效益、经济效益得到最大化、最优化的发挥。

第 11 章 土壤环境与芦苇生态特征的相互作用

湿地芦苇种群虽然生长在水分较为丰富的环境中，但是其生长所需要的矿质元素和营养元素主要来自于土壤(底泥)，土壤组分与芦苇的生长变化密不可分。土壤生源要素包括盐分状况、养分状况，它不仅反映土壤肥力水平和生产能力，而且能够说明营养元素 N、P 等的可利用状态，以及土壤的理化特性(刘景双 等，2003；苏永忠 等，2002)，同时也是反映土壤质量的重要指标，直接影响到生物的生长(苏永中 等，2002)。研究芦苇与土壤组分的关系，进一步找出能够促进芦苇生长的土壤因子，对实际生产和湿地保护工作具有十分重大的作用。本研究是在对银川平原 17 个湖沼湿地 60 余组样地进行系统采样的基础上进行的。

通过野外的实际观察和取样发现，湿生芦苇种群所扎根的土壤基质较为特殊，大部分属于持水量饱和的淤泥。在采样时，每个样点选取 3 个位置进行取样，带回实验室避光晾干后，检测获得土样的速效氮、速效磷、速效钾、全氮、有机质、含盐量和 pH 等指标(表 11-1)。

表 11-1　各样点土样理化指标平均值

样点	电导率/(μm/s)	pH	速效氮/(mg/kg)	速效钾/(mg/kg)	有机质/(g/kg)	全氮/(g/kg)
艾依河	1123.00 (±8.237)	8.22 (±0.135)	53.00 (±0.146)	219.00 (±0.317)	11.10 (±1.277)	1.14 (±0.548)
宝湖 1	970.00 (±6.313)	8.27 (±0.037)	101.67 (±0.324)	297.67 (±0.422)	18.00 (±1.621)	2.36 (±0.954)
宝湖 2	969.00 (±5.411)	8.40 (±0.061)	13.00 (±0.355)	183.00 (±0.419)	5.23 (±1.555)	0.29 (±1.364)
丽子园 1	1445.00 (±7.321)	8.35 (±0.632)	103.00 (±0.419)	282.50 (±0.367)	17.25 (±0.627)	1.36 (±0.614)
丽子园 2	1438.00 (±6.492)	8.58 (±0.061)	5.00 (±0.391)	85.00 (±0.514)	2.50 (±1.359)	0.22 (±0.960)

（续）

样点	电导率/(μm/s)	pH	速效氮/(mg/kg)	速效钾/(mg/kg)	有机质/(g/kg)	全氮/(g/kg)
鸣翠湖1	2750.00 (±4.203)	8.66 (±0.391)	82.00 (±0.615)	264.00 (±0.596)	40.30 (±1.524)	2.77 (±1.324)
鸣翠湖2	1286.00 (±8.844)	8.73 (±0.074)	47.50 (±0.521)	271.00 (±0.741)	15.50 (±1.669)	1.49 (±0.651)
鸣翠湖3	959.00 (±5.315)	8.61 (±0.036)	89.00 (±0.462)	327.00 (±0.558)	18.90 (±1.348)	1.48 (±1.367)
阎家湖1	1217.00 (±6.354)	8.51 (±0.057)	92.00 (±0.364)	338.00 (±0.157)	22.10 (±1.549)	1.85 (±0.367)
阎家湖2	1365.00 (±5.951)	8.07 (±0.073)	90.00 (±0.622)	333.00 (±0.091)	20.20 (±1.085)	1.74 (±1.301)
阎家湖3	1083.00 (±7.348)	8.86 (±0.039)	36.00 (±0.316)	431.50 (±0.336)	16.90 (±1.264)	0.57 (±0.614)
文昌双湖	1254.00 (±5.369)	8.69 (±0.061)	9.00 (±1.035)	53.00 (±0.479)	11.20 (±1.657)	0.39 (±0.859)
阅海	1311.00 (±9.361)	8.42 (±0.085)	10.00 (±0.962)	234.00 (±0.228)	13.19 (±1.364)	0.38 (±1.481)

一、相关性分析

1. 芦苇的生态学特征与土壤基质相关性分析

运用软件 SPSS 17.0 将土壤的各要素与湿生芦苇种群生长指标进行相关性分析，得到各指标之间的相关特征(表11-2)，以便找出影响湿生芦苇生长的土壤因子。由于在实验中测得各个样地的电导率(900~1500μm/s 之间)和 pH(8.0~8.8 之间)比较类似，所以在分析的过程中将含盐量和 pH 去掉，便于数据的分析，得到的结果更为直观。将湿生芦苇单位样方的平均化后的生物学特征数据与土壤各个要素数据输入 SPSS 中，得出的结果如表11-3 所示。

表11-2 各指标间的相关性分析

	y_1	y_2	y_3	y_4	y_5	x_1	x_2	x_3	x_4
y_1	1								
y_2	0.710**	1							
y_3	-0.689**	-0.676*	1						
y_4	0.197	0.142	0.227	1					
y_5	0.295	0.719**	-0.453	-0.072	1				
x_1	0.625*	0.744**	-0.560*	0.337	0.736**	1			
x_2	0.328	0.635*	-0.451	0.283	0.759**	0.630*	1		
x_3	0.364	0.675*	-0.605*	0.152	0.597*	0.647*	0.508	1	
x_4	0.454	0.737**	-0.536	0.400	0.577*	0.858**	0.480	0.837**	1

注：* 表示在 0.05 水平(双侧)上显著相关；** 表示在 0.01 水平(双侧)上显著相关；y_1 为株径，y_2 为高度，y_3 为株数，y_4 为叶面积，y_5 为生物量，x_1 为速效氮，x_2 为速效钾，x_3 为有机质，x_4 为全氮。

从上表中可以看出，单位样方的湿生芦苇的株径与速效氮是显著相关关系；高度与速效磷和全磷是极显著相关关系，与有机质是相关关系；株数与速效氮和有机质呈显著负相关关系；叶面积与养分的相关关系不大；生物量与速效氮和速效钾都呈极显著正相关关系，与有机质和全氮呈显著正相关关系。

2. 芦苇生境的土壤因子相关性分析

对土壤含水量、pH与其他土壤生源要素进行相关分析(见表11-3)，有机质与土壤全氮、速效氮及含水量间均存在显著或极显著的相关关系，表明四者具有相似的分布规律，这比较符合自然规律，这与曾从盛等(2009)在闽江口湿地所做的相关研究结果相一致。全磷与其他要素间虽多存在显著相关关系，但相关系数均较小，有效磷与其他生源要素(速效氮除外)无显著相关性且相关系数较小，主要是由于磷元素的移动性小，受有机质和成土母质等环境条件的共同影响，说明磷元素尤其是有效磷具有自己独特的分布规律。pH与其他生源要素(有效磷除外)均为极显著的负相关关系，表明在湿地土壤中，碱性环境会降低植物对其他生源要素的吸收利用，这主要是由于不同的酸碱环境直接影响到土壤微生物的活动和养分的转化(郝余祥 等，1982；Mchenry M P，2009)。

土壤含水量、有机质、全氮与速效氮之间垂直分布规律相似且具有良好的正相关性，说明四者具有相似的垂直分布规律，有效磷与其他各项要素的相关关系均较差且不甚显著，表明有效磷具有不同于其它要素的独特垂直分布规律。pH与土壤含水量、土壤生源要素(有效磷除外)均呈极显著的负相关关系，表明在pH较高的碱性土壤环境会抑制植物对其他生源要素的利用。有机质与全氮、速效氮和全磷呈现显著正相关关系，说明银川平原芦苇湿地土壤中有机质、氮素、磷素主要来自于内源沉积物、枯落物及动植物残体降解释放而来，也表明了湿地具有强大的“源”与“汇”的功能。

表11-3 土壤生源要素间Pearson相关系数矩阵

指标	含水量	pH	全盐	有机质	全氮	碱解氮	全磷	有效磷
含水量	1							
pH	-0.282**	1						
全盐	-0.203**	-0.238**	1					
有机质	0.546**	-0.426**	-0.036	1				
全氮	0.557**	-0.438**	0.047	0.743**	1			
碱解氮	0.609**	-0.419**	-0.036	0.704**	0.834**	1		
全磷	0.072	-0.202**	0.149*	0.149*	0.239**	0.155*	1	
有效磷	-0.115	0.007	0.104	-0.116	-0.108	-0.193**	0.080	1

注：*表示在0.05水平(双侧)显著相关，**表示在0.01水平(双侧)上显著相关，以下同。

二、通径分析

在日常的生活生产中，提高芦苇的产量具有更多实际意义，运用通径分析的方法可以得出湿生芦苇种群生物量与土壤养分之间的关系。由于在多个变量的反应体系中，任意两个变量的线性相关关系都要受到其他变量的影响(胡小平 等，2001)，湿生芦苇生物量与任意土壤养分变量的简单的相关系数往往不能反映这二者之间的真正关系。芦苇生长性状构成因子中的每一个因子都会对芦苇生长产生直接或间接的影响，通径分析就是对各种因子做出确切的描述，从而将各养分构成因子的相对重要性直接表达出来(朱建平 等，2007)。通径系数可以评定各因子对产量的相对重要性，其大小和正负能表示自变量对因变量作用的大小及方向而且通径系数之间也可以进行相互比较(伏兵哲 等，2010)。多元回归方程能够描述随机变量在多个回归因子中的平均变化规律(邱丽萍 等，2004)，将芦苇生长性状与底泥化学性质测定结果进行回归，得到5个标准多元线性回归方程。

$$y_1 = 0.88x_1 - 0.006x_2 + 0.094x_3 - 2.379x_4 + 6.518$$
$$y_2 = 1.413x_1 + 0.005x_1 + 0.02x_2 + 60.013x_3 + 0.25x_4$$
$$y_3 = -1.816x_1 - 1.816x_1 - 0.013x_2 - 9.93x_3 + 73.16x_4 + 345.013$$
$$y_4 = -0.057x_1 + 0.015x_2 - 0.355x_3 + 6.449x_4 + 3.939$$
$$y_5 = 0.015x_1 + 0.013x_2 + 0.037x_3 - 0.55x_4 + 0.56$$

其中，y_1 为株径，y_2 为高度，y_3 为株数，y_4 为叶面积，y_5 为生物量(鲜重)，x_1 为速效氮，x_2 为速效钾，x_3 为有机质，x_4 为全氮。5个方程中的系数就是直接通径系数，它乘以各个土壤肥力因子之间的相关系数就可以得到间接通径系数(和文祥 等，1997)，结果见表11-4。

表11-4 土壤因子对生物学表征的通径系数

芦苇表现型	自变量	相关系数 r	直接效应	x_1	x_2	x_3	x_4	合计
y_1	x_1	0.6250	0.8800	0.8800	-0.0038	0.0609	-2.0400	-1.1029
	x_2	0.3282	-0.0060	0.5547	-0.0060	0.0478	-1.1425	-0.5461
	x_3	0.3648	0.0940	0.0609	-0.0031	0.0940	-1.9905	-1.8387
	x_4	0.4548	-2.3790	-2.0400	-0.0029	0.0786	-2.3790	-4.3433
y_2	x_1	0.7440	0.0050	0.0050	0.0013	0.0084	0.2144	0.2291
	x_2	0.6350	0.0020	0.0032	0.0020	0.0066	0.1201	0.1318
	x_3	0.6750	0.0130	0.0032	0.0010	0.0130	0.2092	0.2264
	x_4	0.7370	0.2500	0.0043	0.0010	0.0026	0.2500	0.2579
y_3	x_1	-0.5600	-0.8160	-0.8160	-0.0082	-5.8891	62.7360	56.0227
	x_2	-0.4517	-0.0130	-0.5143	-0.0130	-4.6233	35.1354	29.9848
	x_3	-0.6050	-9.0930	-0.5285	-0.0066	-9.0930	61.2122	51.5841
	x_4	-0.5368	73.1600	-0.6997	-0.0062	-7.6080	73.1600	64.8460
y_4	x_1	0.3373	-0.0570	-0.0570	0.0095	-0.2299	5.5301	5.2527
	x_2	0.2833	0.0150	-0.0359	0.0150	-0.1805	3.0972	2.8957
	x_3	0.1527	-0.3550	-0.0369	0.0076	-0.3550	5.3958	5.0115
	x_4	0.4003	6.4490	-0.0489	0.0072	-0.2970	6.4490	6.1103
y_5	x_1	0.7365	0.0150	0.0150	0.0082	0.0240	-0.4716	-0.4245
	x_2	0.7596	0.0130	0.0095	0.0130	0.0188	-0.2641	-0.2229
	x_3	0.5975	0.0370	0.0097	0.0066	0.0370	-0.4602	-0.4069
	x_4	0.5774	-0.5500	0.0129	0.0062	0.0310	-0.5500	-0.4999

注：y_1 为株径，y_2 为高度，y_3 为株数，y_4 为叶面积，y_5 为生物量，x_1 为速效氮，x_2 为速效钾，x_3 为有机质，x_4 为全氮。

直接通径系数反映了土壤各养分因子对芦苇生长性状直接影响作用的大小，4 个自变量对株径 y_1 的直接影响中，x_1 的直接作用最大，大小顺序为速效氮 > 有机质 > 速效钾 > 全氮，对 y_2 直接作用大小顺序为全氮 > 有机质 > 速效氮 > 速效钾，对 y_3 直接作用大小顺序为全氮 > 速效钾 > 速效氮 > 有机质，对 y_4 直接作用大小顺序为全氮 > 速效钾 > 速效氮 > 有机质，对 y_5 直接作用大小顺序为有机质 > 速效氮 > 速效钾 > 全氮。

通过分析株径 y_1 的各个间接通径系数，发现速效氮的直接通径系数很大，说明速效氮对芦苇株径生长有很强的直接作用，有机质直接作用小于通过它通过速效氮的间接作用，速效钾和全氮的直接作用为负效应，因此株径 y_1 表现上与速效氮显著相关。

全氮对芦苇高度、株数、叶面积产生的直接通径系数远高于速效氮、速效钾、有机质的直接通径系数，其通过速效氮、速效钾及有机质的间接作用也远高于这些因子对芦苇高度的直接作用，因此，芦苇高度、株数、叶面积表现上与各因子相关性主要来自全氮的直接和间接作用。

速效氮和速效钾通过有机质对生物量产生的间接作用小于它们的直接作用，全氮直接作用为负效应，因此生物量表现上的相关性主要来自于有机质。

三、主成分分析

1. 典型芦苇群落与土壤环境因子的主成分分析

将有代表性的芦苇群落的样方与之对应的土壤环境因子进行 PCA 排序(图 11-1)，该二维排序结果可以初步反映这 4 种生态种组芦苇群落在环境中的空间分布规律。芦苇是一种中度耐盐植物(赵可夫，1998)，能在中度盐渍化的土壤中正常完成生长发育。且在一定盐度区间内，随着盐分含量的增加，芦苇幼苗的生长和生物量都会增加，进一步提高了植

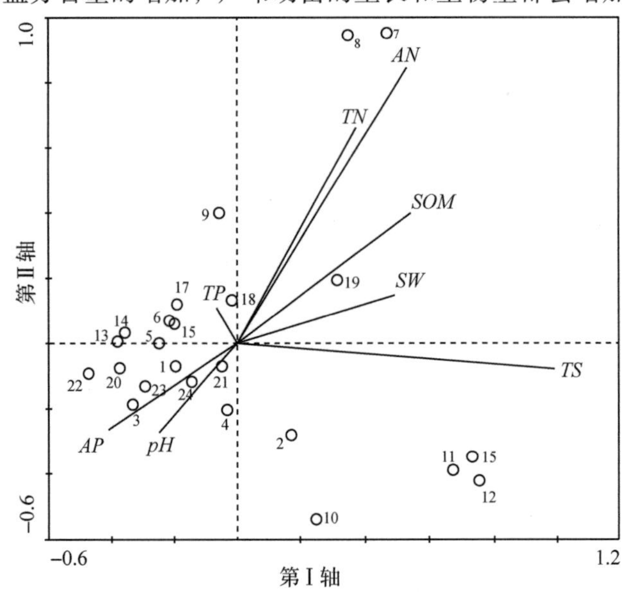

图 11-1　不同类型芦苇群落与环境因子的 PCA 排序图

注：1—12，16 为芦苇群落；13，14，15，17 为芦苇 + 香蒲群落；18，19 为芦苇 + 水葱群落；20—24 为芦苇 + 其他类型群落。

株耐盐性(庄瑶，2011)。因此，芦苇的耐盐能力较强，如11，12，16主要是受盐分这一环境要素制约的。再就是芦苇在速效氮、速效磷含量较高的生境中其分布更为广泛。另外，芦苇群落、芦苇+香蒲群落以及芦苇+其他这三种类型的群落在排序轴上相对比较集中，主要是这三种类型的群落之间容易因演替或者是波动而发生变换，对于银川平原湿地而言，芦苇和香蒲的混合群落相对多见，然而它们的存在并不稳定，经常会由一方将另一方完全替代而形成单一物种的优势群落。

影响湿地芦苇群落分布类型的主要决定因素是盐分和速效养分(速效氮、有效磷)，当这三者含量高时，较易形成单一芦苇群落；土壤全氮和有机质是仅次于盐分和速效养分的群落影响因子，土壤有机质含量较高时，以芦苇+水葱群落为主；另外从图中我们还可以看出速磷和pH是芦苇与其他植物混合类型群落的主要影响因素；全磷则是芦苇+香蒲群落的主要影响因素。在图中，尤其是第二、第三象限集合了几乎各种类型的群落，这表明，银川平原芦苇湿地的几种群落之间可能随时由于环境的变化而发生转换，这种转换是群落对环境的适应所造成的，表明银川平原芦苇湿地群落尚不稳定，较易发生演替或者不规律的波动。

2. 芦苇生境土壤因子主成分分析

芦苇生长所需的矿物元素和营养元素均来自土壤(湖泊底泥)，芦苇生境土壤因子的土壤全盐(TSC)、pH、碱解氮(AN)、速效钾(AK)、有机碳(SOC)、全氮(TN)等主成分分析结果(表11-5)显示，共提取了2个主成分，特征值为3.216、1.442，累积贡献率达到了77.63%；第1主成分上TN、SOC、AN的因子载荷最高，分别为0.947、0.920、0.876；全盐、pH在第2主成分的因子载荷占据前2，分别是0.737、0717。可见，TN、SOC、AN、全盐、pH是银川湖泊湿地芦苇土壤生境的主要特征因子。

表11-5 芦苇湿地土壤生境因子主成分分析

主成分	成分1	成分2
全盐	0.515	0.737
pH	-0.142	0.717
碱解氮	0.876	-0.387
速效钾	0.647	-0.345
有机碳	0.920	0.339
全氮	0.947	-0.029
特征值	3.216	1.442
方差的百分比	53.595	24.033
累积百分比(贡献率)	53.595	77.628

注：各土壤因子对应的数据表示在各主成分上的因子载荷。

四、冗余分析

以芦苇的生物生态指标作为研究对象，将土壤水分、pH、全盐、有机质、全氮、速效氮、全磷、有效磷作为环境因子，研究对象包括芦苇的株高、盖度、密度、株径及生物量。实验所得数据在 SPSS 17.0 软件中进行统计分析，计算平均值和标准差(SD)，利用国际标准通用软件 CANOCO 4.5 分析芦苇生物生态特征与土壤环境因子的相关关系，首先进行去趋势对应分析(DCA)，其排序轴梯度长度(Lengths of gradient，LGA)反映了芦苇生物生态变化的程度，理论上来说，LGA <3 适合采用线性模型，LGA >4 适合非线性模型，LGA 介于3~4 之间两种模型都适合(Leps J，2003)。通过对本研究中因变量数据进行 DCA 排序，结果显示4 个排序轴的 LGA 的最大值为 0.629，均小于 3，表明芦苇的生物生态特征对土壤环境因子有很好的线性响应，因此适合采用线性模型进行冗余分析(Redundancy analysis，RDA)。RDA 属于多变量直接梯度分析法，用来分析两个变量的线性关系，将芦苇的生物生态特征和土壤环境因子的关系反映在坐标轴上，从而直观地揭示芦苇生物生态指标对环境因子的响应。如果某环境因子具有高的变异膨胀因子(>20)，表明它与其他因子具有高的多重共线性，对模型的贡献很少(Beyene A，2009)，将以上 8 个环境因子进行 RDA 筛选，结果表明 8 个环境因子的变异膨胀因子均小于 20，因此，选择这 8 个变量作为环境因子进行分析，筛选后完成后续的 RDA，利用蒙特卡洛(Monte-Carlo)置换检验判断其重要性是否显著。

1. 芦苇生态特征与环境因子的 RDA 排序

对芦苇生态特征和经过变异膨胀因子筛选后的 8 个环境因子进行 RDA 分析，首先获得这 8 个环境因子对芦苇生态特征的解释，结果见表 11-6，芦苇生态特征在第 Ⅰ 轴、第 Ⅱ 轴上的解释量分别为 90.9% 和 2.8%，累积解释芦苇生态特征的信息量为 93.8%，对芦苇生态特征和环境因子的累积解释量高达 99.7%，由此可知前两轴能很好地反映芦苇生态特征与环境因子的相关关系，且主要由第 Ⅰ 轴决定。

表 11-6 芦苇生态特征变化的解释变量冗余分析

排序轴	第Ⅰ轴	第Ⅱ轴	第Ⅲ轴	第Ⅳ轴
生态特征解释量/%	90.9	2.8	0.3	0
生态特征与环境因子相关性	0.988	0.667	0.788	0.807
生态特征累计解释量/%	90.9	93.8	94.1	94.1
生态特征—环境因子关系累计解释量/%	96.7	99.7	100	100
典范特征值	0.941			
总特征值	1			

环境因子与每个排序轴的相关系数见表 11-7，8 个环境因子中，土壤水分与第 Ⅰ 轴的相关系数最大，达到 0.970，与其呈正相关关系；全盐含量与第 Ⅰ 轴的相关系数为 -0.772，与其呈负相关关系；pH 与第 Ⅰ 轴的相关系数为 0.708；说明了第 Ⅰ 轴反映了以水分、全盐、pH 为主的影响。第 Ⅱ 轴主要反映以全氮为主的影响，相关系数为 0.380。第 Ⅲ 轴主要反映有机质、有效磷、碱解氮和全磷为主的影响。第 Ⅳ 轴主要反映以全磷为主的影响。

表11-7 环境因子与排序轴的相关关系

环境因子	第Ⅰ轴	第Ⅱ轴	第Ⅲ轴	第Ⅳ轴
SMC	0. 970	-0. 049	-0. 011	0. 042
pH	0. 708	0. 327	0. 045	0. 228
TS	-0. 772	-0. 030	0. 077	-0. 421
AP	0. 017	-0. 113	-0. 437	0. 417
SOM	-0. 156	-0. 220	-0. 507	0. 042
TP	0. 037	-0. 074	-0. 331	0. 518
TN	0. 143	-0. 380	-0. 127	-0. 010
AN	-0. 198	-0. 239	0. 352	-0. 111

为了进一步了解环境因子与芦苇生态指标与排序轴的相关关系，得到环境因子与芦苇生态指标的二维排序图(图11-2)。在排序图中，芦苇的生态指标用实心细箭头连线表示，环境因子用实心的粗箭头连线表示，箭头的长短表示芦苇生态特征与环境因子关系的大小，箭头连线越长相关性越大，反之，则越小。箭头与排序轴的夹角表示相关性的大小，夹角越小，相关性越大。从图中可以看出，土壤水分(SMC)第Ⅰ轴的夹角非常小，说明土壤水分主要与第Ⅰ轴呈正相关关系，pH比较靠近第Ⅰ轴，说明pH也与第Ⅰ轴呈正相关关系；全盐(TS)与第Ⅰ轴呈负相关，有机碳(SOC)、总磷(TP)、速效磷(AP)、总氮(TN)、速效氮(AN)与第Ⅰ轴都呈负相关。芦苇的生物量(A)、盖度(D)、株径(E)与第Ⅰ轴的夹角较小，说明它们与第Ⅰ轴呈正相关，密度(B)与第Ⅰ轴呈负相关，株高(C)与第Ⅱ轴呈正相关。土壤水分(SMC)、pH、全盐(TS)的箭头连线最长，可知，土壤水分、pH、全盐对芦苇生态特征的变异起到了很好的解释：土壤水分与芦苇密度(B)成反比，与其他生态特征成正比，与芦苇地上生物量(A)和株径(E)的相关性较大。pH也与芦苇密度呈负相关关系，与芦苇的其他生态特征呈正相关，与芦苇的株高相关性较大。全盐与芦苇的密度呈正相关，与芦苇的其他生态特征呈负相关。

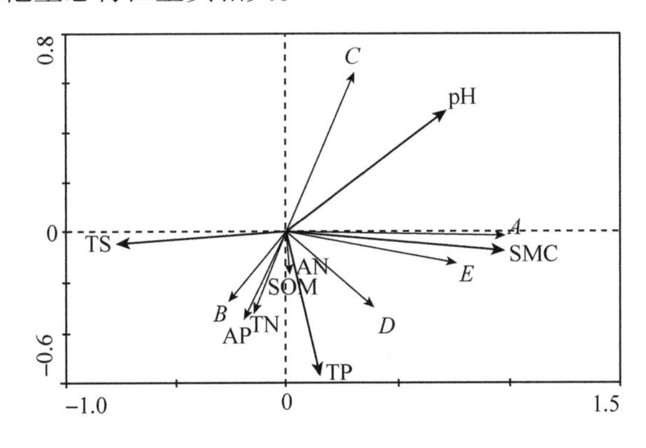

图11-2 芦苇生态特征与环境因子关系的冗余分析排序图

注：A为地上生物量Aboveground biomass；B为密度Density；C为株高Plant height；D为盖度Coverage；E为株径Stem diameter。

综上所述，环境因子对芦苇生态指标的影响存在差异，对8个环境因子进行Monte-Carlo检验，得到环境因子的重要性排序，结果见表11-8，环境因子对芦苇生态特征的影响的重要性顺序为土壤水分 > pH > 全盐含量 > 有效磷 > 有机质含量 > 全磷 > 全氮 > 速效氮。其中土壤水分对芦苇生态特征的影响达到了极显著水平($P = 0.002 < 0.01$)，土壤水分解释量占所有环境因子解释量的比例为93.6%，说明土壤水分是影响芦苇生态特征的最关键的环境因子，pH和全盐含量对芦苇生态特征的影响达到了显著水平($P < 0.05$)。有效磷、有机质含量、全磷、全氮、速效氮对芦苇生态特征的影响较小，没有达到显著水平。

表 11-8　环境变量解释的重要性排序和显著性检验结果

环境因子	重要性排序	F	*P*	环境因子所占解释量/%
SMC	1	91.900	0.002	93.60
pH	2	2.700	0.024	3.19
TS	3	2.150	0.032	2.13
AP	4	1.240	0.332	1.06
SOM	5	1.070	0.238	1.06
TP	6	0.580	0.552	0.00
TN	7	0.170	0.628	0.00
AN	8	0.110	0.772	0.00

2. 单一环境因子对芦苇生态特征的影响

为了进一步确定单一水盐因子对芦苇生态特征的影响，将上述研究中对芦苇生态特征有极显著或显著影响的环境因子进行逐一分析，采用的是包含芦苇生态特征箭头连线和环境因子箭头以及虚实圆圈的t-value双序图，该图能够揭示芦苇生态特征依赖环境因子的程度。在t-value双序图中，实线圈表示环境因子与芦苇生态特征呈显著正相关，虚线圈表示环境因子与芦苇生态呈显著负相关。箭头的长度和方向代表生态特征与该环境因子的典范相关关系。如果芦苇的某生态特征的箭头连线完全掉在某一环境因子的实线圈内，就表明该生态特征与该环境因子呈显著正相关；如果某生态特征完全掉在环境因子的虚线圈中，就表明该生态特征与该环境因子呈显著负相关。

从图11-3可以看出，芦苇的地上生物量(A)、株径(E)的箭头完全落在了土壤水分的实线圈内，这表明芦苇的生物量和株径与土壤水分呈显著正相关，说明随着土壤含水量的增加，芦苇的生物量、株径相应地增加。生物量与土壤含水量的相关关系最显著，说明生物量能够较好反映芦苇生态特征对土壤水分的响应。株高(C)箭头和盖度(D)箭头与土壤水分的方向相同，但没有落入实线圈内，表明株高(C)和盖度(D)与土壤水分呈正相关，但相关性不显著。密度(B)与土壤水分呈负相关，但相关性不显著。以上结果表明，土壤水分是影响芦苇生态特征变异的主要环境因子。从图11-4可以看出，芦苇各生态特征都没有完全落入pH含量的实线圈内，但芦苇的密度(B)、盖度(D)、株径(E)靠近pH的虚线内，说明它们与pH呈负相关关系，但相关性未达到显著水平，表明pH的增加将导致这些指标在一定程度上下降，株高(C)靠近pH的实线圈，但未完全落入pH的实线圈内，说明株高(C)和pH呈正相关关系，但相关性不显著。芦苇湿地生物量(A)与pH不存在相关关系。从图11-5可以看出，全盐对芦苇生态特征的影响与pH的影响相似，芦苇的密度(B)、盖度(D)、株径(E)靠近全盐的虚线圈内，同样说明它们与全盐呈负相关，表明全盐含量的增加会使芦苇的这些生态特征指标下降，但芦苇的密度(B)、株高(C)、盖度(D)、株径(E)并没有完全落入全盐的实线或虚线圈内，表明全盐与芦苇的生态特征的相关关系不显著。

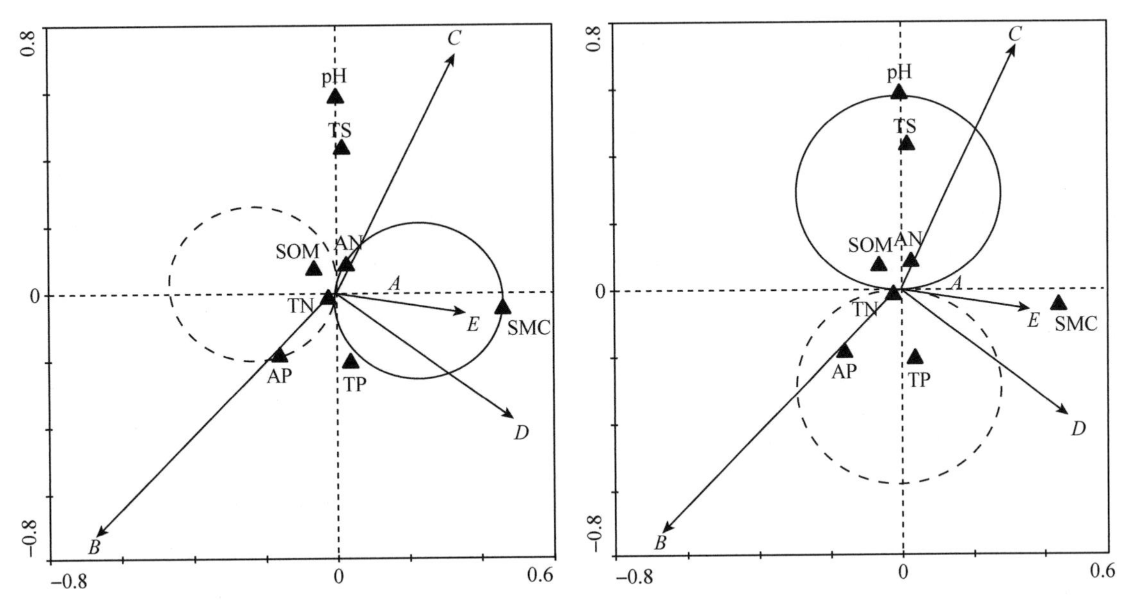

图 11-3　土壤水分对芦苇生态特征影响的检验结果　　**图 11-4　pH 对芦苇生态特征影响的检验结果**

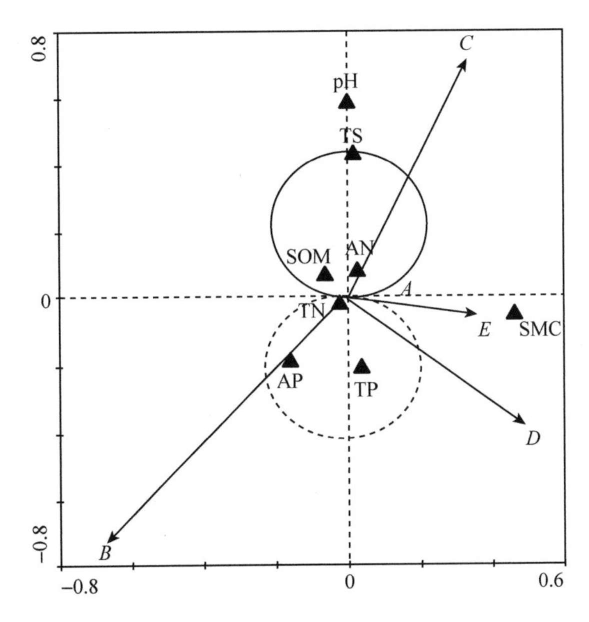

图 11-5　全盐对芦苇生态特征的影响

注：实线圈为正相关；虚线圈为负相关

五、讨论与结论

植物生长状况与土壤理化性质密不可分，生境土壤营养元素的多寡显著影响着芦苇的生态特征。在银川湖泊湿地中，土壤总氮、有机碳、碱解氮、全盐、pH、速效钾均是影响芦苇生长的特征因子，其中土壤 TN、SOC 的因子载荷最高，在芦苇生长发育过程中影响最大。同时，银川平原水土环境因子的变化是芦苇生态特征发生变异的主要原因，由于银川平原地处干旱半干旱地区，芦苇的生长与其特殊的水文、土壤环境要素密切相关。

分析芦苇生态特征与水土环境要素的关系发现，土壤水分是影响芦苇生长最重要的驱动因子，土壤水分与芦苇的生态特征表现出显著或极显著的相关关系，水分因子是芦苇生长的重要环境因子之一，但国内外大部分学者研究的是水深对芦苇生长的影响，Coops 等(1996)研究了水深在 -20~80cm 的范围内对芦苇生长的影响，结果表明此水深范围内对芦苇的高度和株径的影响并不显著，但崔保山等(2006)人认为，芦苇的高度和株径与平均水深呈显著相关。盖平等(2002)研究出现土壤含水量、水解氮、月均气温、速效钾与芦苇地上生物量有较大的灰色关联度，并指出土壤含水量、水解氮、月均气温、速效钾含量是芦苇地上生物量的影响因子，在此基础上建立了芦苇地上部生物量的回归模型。谢涛等(2009)通过盆栽试验对黄河三角洲芦苇湿地 3 种生态型芦苇(淡水沼泽芦苇、盐化草甸芦苇和咸水沼泽芦苇）适宜的土壤水分条件进行了比较，淡水沼泽芦苇、盐化草甸芦苇和咸水沼泽芦苇生长适宜的土壤水分(体积含水率）下限分别为 25.7%、32.0% 和 34.0%。李修仓等(2008)对荒漠—绿洲区旱生芦苇根系特征与土壤水分的关系进行了研究，结果表明根系生长的变化与土壤水分变化的关系密切。土壤水分不仅对银川平原芦苇的生长有较大的影响，对所有湿地植物群落也有十分重要的影响，研究证明土壤水分、土壤有机质、全盐、pH 是影响银川平原沟渠边坡植物群落分布的主要因素(张娟红 等，2013)。土壤 pH 和全盐与芦苇生态特征呈正相关或负相关，这说明土壤的盐碱化程度会对芦苇生态特征产生一定的影响，但芦苇对盐碱环境的适应性较强，其耐盐碱阈值大，赵可夫等(1998)研究认为芦苇是一种假盐生植物，具有一定的抗盐能力，芦苇的多度、盖度、高度随盐度增加而降低。裴艳等(2010)对不同盐分条件芦苇的生长进行研究发现，芦苇是一种比较耐盐的植物，它在灌溉水中含氯离子达到 0.1% 的情况下能够正常发育，随着氯离子含量的增加，芦苇受抑制越明显。因此盐碱因子对芦苇生态特征所占解释量较小。有学者研究了于田绿洲土壤 pH 对芦苇生态特征的影响，结果表明不同土层的 pH 对芦苇的生态特征有不同程度的影响(塞迪古丽·哈西木 等，2012)。另外，还可能是因为研究区属于轻盐碱度湿地，pH 和全盐的含量没有超过芦苇的耐受范围。

在本研究序列中，芦苇湿地大多位于银川浅水草型湖泊附近，是“生态银川”大生态系统的重要组成部分，作为银川城市复合生态系统的生态屏障，直接保障着市域生态安全乃至银川平原绿洲系统稳定。在银川湖泊芦苇湿地整修中，适当添加有机肥和氮肥，更有利于芦苇生长繁衍，使湖泊芦苇湿地的景观效果和生态功能得以最大化的发挥。

第12章 芦苇湿地土壤生境要素垂直分布特征

土壤生境要素不仅有水热状况，还包括盐分状况和养分状况，它们既反映土壤肥力水平和生产能力，而且能够说明营养元素N、P等的可利用状态，以及土壤的理化特性(刘景双 等，2003)，同时也是反映土壤质量的重要指标，直接影响到生物的生长(苏永中等，2002)。本研究于2013年6月中旬至7月中旬，选择了简泉湖、星海湖、镇朔湖、沙湖、贺兰县周家大湖、阅海、文昌双湖、艾依河(沿线)、唐徕渠(沿线)、丽景湖、阎家湖、鸣翠湖、永宁县杨显村、鹤泉湖等19处芦苇湿地作为实验样地，多为湖泊型芦苇湿地，部分靠近堤岸的为滩涂湿地或者是水域消落带形成的草甸或沼泽，但它们的主要植物构成均为芦苇。对每一个样地各选取一个典型样区，面积约50m×50m内，在每块样地内随机取3个取样点，采用湿地土壤取土器分层取样(0~10cm，10~20cm，20~30cm，30~40cm，40~50cm)。将所取土样带回实验室内，捡去石块、残根等杂物后将样品分成两份，一份置于铝盒测定土壤含水量，另一份自然风干后，研磨，过100目筛，用于测定其pH、全盐含量、有机质含量、全氮、有效氮、全磷、速效磷。

一、土壤含水量、土壤pH与芦苇群落

1. 芦苇湿地土壤含水量及pH的垂直分布规律

从图12-1中可以看出，芦苇湿地在0~50cm的土层其土壤含水量在各层中各有不同，在21.97%~38.51%范围内，平均为(27.96±0.88)%。整体表现出从上到下含水量由高变低，这是由于芦苇湿地的表层存在大量的枯落物和腐殖质，它们本身具有较强的持水能力，当它们混入土壤使得土壤孔隙度增加，土壤容重降低，土壤的持水能力和持水量增加。但往下至土壤淀积层以后，土壤的紧实度变大，土壤孔隙度低，土壤含水量也随之降低，同时会影响到土壤微生物的活动(戴佩钦等，2005)。土壤pH的变化在0~50cm在

8.11~8.62 的范围波动变化，平均为 8.38 ±0.03，各层土壤 pH 均大于 8.0，即土壤均呈碱性，在 0~10cm 的土壤 pH 较小呈弱碱性，这是可能由于土壤动物和微生物活动频繁产生一些代谢物，同时表层枯落物在分解过程中会产生或者释放了一些有机酸等酸性物质（万晓红 等，2008），释放 H^+ 对碱性环境产生一定的中和作用，继而降低了环境中的 pH，是腐殖化过程的必然结果。

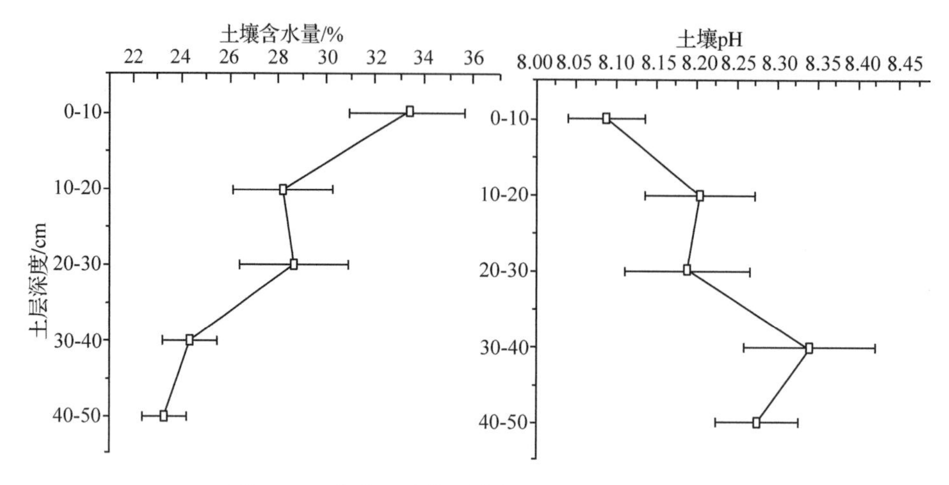

图 12-1　芦苇湿地的土壤含水量及 pH 垂直分布

2. 土壤含水量及土壤 pH 与芦苇群落的相关性

从表 12-1 中可以看出：土壤含水量及 pH 与芦苇各生长指标均有一定程度的相关性，叶鲜重在 0~30cm 各层与含水量有显著的正相关关系，表明土壤表层水可能是芦苇吸收利用最直接有效的部分，而芦苇高度与 20~50cm 土层的土壤含水量及 pH 呈现不规律的相关性。另外，从表中还可以发现：芦苇密度、穗鲜重在 0~50cm 各层与土壤含水量均呈现负相关关系，这表明土壤含水量越低芦苇的密度和穗生物量越大，一定程度反映出芦苇作为一种水生植物，适宜于生长在含水量较高的环境中，当环境出现含水量降低甚至是干旱胁迫时，其生殖策略会发生一定的变化，即通过增加密度和穗生物量来保证种族得以延续。

表 12-1　土壤含水量及 pH 与芦苇群落的相关性

指标	0~10cm		10~20cm		20~30cm		30~40cm		40~50cm	
	含水量	pH	含水量	pH	含水量	pH	含水量	pH	含水量	pH
茎鲜重	0.030	0.230	-0.108	0.126	-0.056	0.245	0.084	0.303*	0.242	0.189
叶鲜重	0.285*	-0.201	0.591**	-0.141	0.386**	-0.083	-0.026	0.036	0.183	-0.008
穗鲜重	-0.165	0.102	-0.193	0.114	-0.110	0.103	-0.236	0.094	-0.220	0.009
总鲜重	0.137	0.113	0.145	0.050	0.107	0.173	0.051	0.260	0.263	0.148
叶面积	0.113	0.048	0.085	0.164	0.076	0.091	0.087	0.219	0.266	0.015
密度	-0.073	0.051	-0.188	-0.047	-0.143	-0.029	-0.031	-0.117	-0.334*	0.074
高度	0.283	0.065	0.285*	0.076	0.203	0.191	0.080	0.308*	0.363*	0.167
盖度	0.188	0.088	0.148	-0.096	0.116	0.135	0.139	0.101	0.141	0.220
株径	0.248	-0.027	0.203	0.097	0.140	0.105	0.059	0.256	0.311*	0.019

二、土壤全盐、有机质与芦苇群落

1. 土壤全盐、有机质的垂直分布规律

从图12-2中可以看出，芦苇湿地在0~50cm的土层，全盐的变化范围在1.30~2.89g/kg,平均为(1.82±0.13)g/kg，有机质含量的变化范围为9.68~29.48g/kg，平均为(18.34±0.97)g/kg。芦苇湿地土壤全盐和有机质的变化规律几乎完全一致，即在0~40cm的各层随着土层深度增加土壤全盐和有机质呈现出降低的趋势，到了40~50cm这一土层又表现出一定的增加，出现这种现象的原因是由于表层土壤中含水量往往较高，同时富含枯落物，它们分解过程中不断产生补充土壤有机质含量。而芦苇湿地土壤由于长期或者间歇性的淹水影响了土壤的渗透性，土壤毛细管的蒸腾将地下水中盐分带到表面，久而久之就形成了表层盐分的累积，也就是盐分表聚性，这与姚荣江等(2007)的研究相一致。

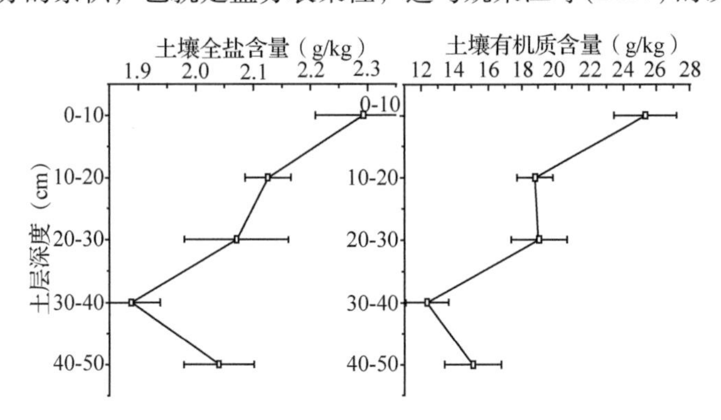

图12-2 土壤全盐及有机质含量

2. 土壤全盐及有机质与芦苇群落的相关性

从芦苇群落各层土壤全盐和有机质的相关分析(表12-2)中不难发现，芦苇群落各项指标与土壤含盐量及有机质含量均未表现出显著相关关系，但是，茎鲜重、穗鲜重以及总鲜重在0~50cm土层与土壤全盐含量均表现出正相关关系，与土壤有机质含量则表现出负相关关系；叶鲜重、高度、盖度及株径则相反，即与全盐表现出负相关关系，而与有机质含量表现出正相关关系，而密度与全盐以及有机质含量均表现为负相关关系，这表明芦苇的生长特征指标对盐分响应较为敏感。土壤全盐含量在17~27g/kg的范围内，芦苇的密度、高度、盖度、株径与盐分均表现出负相关关系，说明该浓度范围对芦苇的生长已经有抑制作用，而各部分生物量(除叶生物量)与盐分均表现为不显著正相关，这表明了在该范围的盐度下芦苇虽然在生长态势上已表现出退化，但尚未超出芦苇生长的阈值区间，即在该变化范围内可以生存。

表 12-2　土壤全盐及有机质与芦苇群落的相关性

指标	0~10cm		10~20cm		20~30cm		30~40cm		40~50cm	
	全盐	有机质	全盐	有机质	全盐	有机质	全盐	有机质	全盐	有机质
茎鲜重	0.212	-0.088	0.221	-0.054	0.153	-0.049	0.120	-0.077	0.212	-0.088
叶鲜重	-0.156	0.166	-0.156	0.029	-0.244	0.113	-0.232	-0.230	-0.156	0.166
穗鲜重	0.209	-0.189	0.213	-0.189	0.122	-0.128	0.098	-0.209	0.209	-0.189
总鲜重	0.118	-0.010	0.126	-0.037	0.031	0.002	0.004	-0.160	0.118	-0.010
叶面积	0.102	0.024	0.116	-0.065	0.046	-0.054	0.012	-0.047	0.102	0.024
密度	-0.114	-0.074	-0.112	-0.028	-0.085	-0.073	-0.030	-0.121	-0.114	-0.074
高度	-0.003	0.069	0.026	0.007	-0.076	0.048	-0.098	-0.076	-0.003	0.069
盖度	-0.131	0.151	-0.016	0.175	-0.123	0.099	-0.100	0.009	-0.131	0.151
株径	-0.003	0.106	0.005	-0.045	-0.095	-0.002	-0.129	-0.082	-0.003	0.106

三、N、P 养分与芦苇群落

1. N、P 的垂直分布规律

方差分析的结果显示，在 0~50cm 的土层，芦苇湿地土壤全氮含量在 1.14~3.20g/kg 之间，均值为 2.04±0.14g/kg，这与张晴雯等(2011)在宁夏灌区的研究相符；土壤碱解氮含量 36.14~130.04mg/kg 之间，均值为 77.52±5.64mg/kg；全磷在 5.99~7.82g/kg 之间，平均为 6.85±0.15g/kg；有效磷在 0.44~0.71mg/kg，平均为 0.54±0.02mg/kg。

从图 12-3 中可以看出，全氮和速效氮在 0~50cm 的变化规律几乎完全一致，即在 0~40cm 土层随着土层的加深，其含量呈现急剧降低趋势，而在 40~50cm 则均有一定的增加，具有明显的“表聚性”特征，与申卫博(2012)、丁新华(2011)等人的研究结果具有相似性。从图 12-4 可以看出，芦苇湿地土壤中磷元素的含量在 0~50cm 土层的分布无规律性，但全磷含量与有效磷含量的规律相反，在 0~50cm 全磷含量从上至下呈现由高变低的趋势，而有效磷含量则是由低变高。通过实际的野外观察发现，在 0~10cm 土壤中芦苇的不定根分布较多，在 30~40cm 时芦苇地下横走根状茎比较发达，全磷含量在 0~10cm 及 30~40cm 土壤中含量较高，也就是说芦苇表层不定根根区土全磷含量略高于非根际的，表现出磷素的富集（Venterink H O, *et al*, 2003），计算求得全磷的变异系数为 0.022，而有效磷的变异系数为 0.037，表明了湿地土壤中有效磷的灵敏程度明显高于全磷，这与罗先香(2011)等的研究结果较为相似。土壤有效磷作为植物直接吸收利用的主要形态，其含量受环境条件如植物根系、水分条件、生物活动及化学过程等影响更为显著。

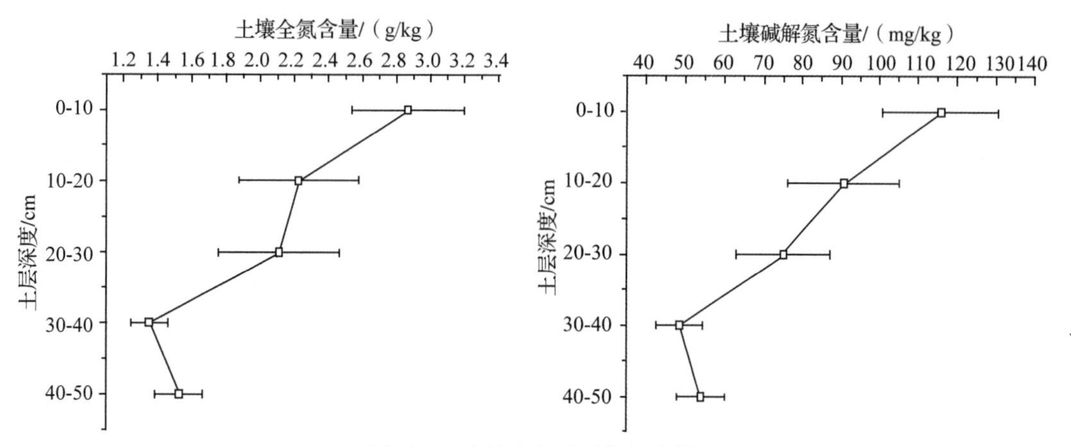

图 12-3　土壤全氮及碱解氮含量

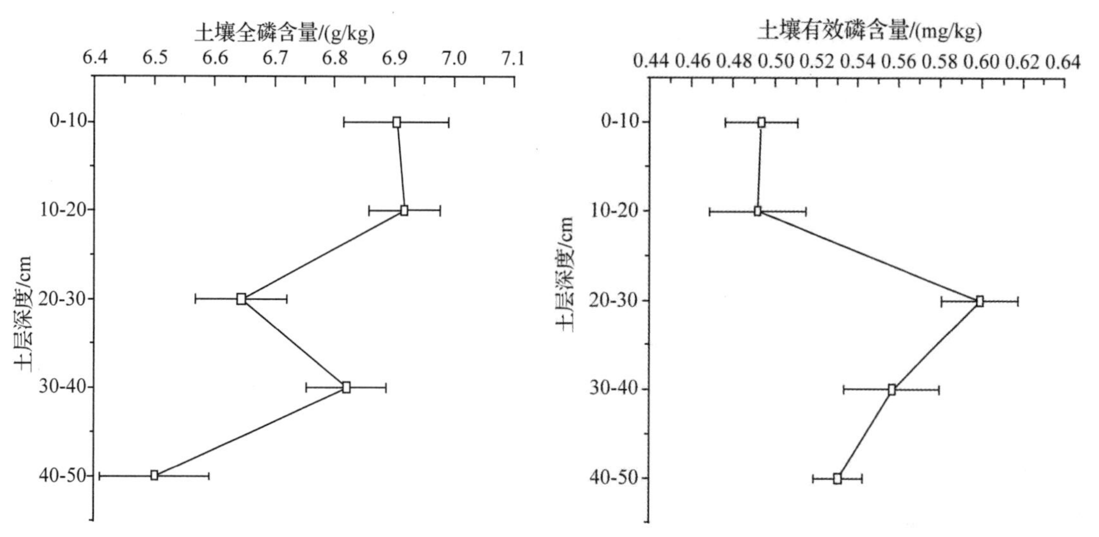

图 12-4　土壤全磷及有效磷含量

2. N、P 与芦苇群落的相关性

从芦苇生长指标与土壤养分的相关性分析(表 12-3，表 12-4)可以看出：叶鲜重在 0～30cm 的土层中与全氮和速效氮均表现出一定的显著正相关关系，总生物量鲜重在 0～30cm 土层与速效氮含量呈现显著相关关系，高度在 0～20cm 与速效氮呈现显著关系，而穗鲜重在 0～50cm 的各土层与全氮和速效氮均表现为不显著的负相关关系，密度在 0～30cm 及 40～50cm 的土层与全氮及速效氮也呈现出不显著负相关关系。表 12-4 中，在 20～40cm 的土层中，茎鲜重与全磷表现出显著正相关关系，总鲜重在 20～30cm 与全磷含量呈现显著正相关关系，芦苇的其他各指标在 0～50cm 与土壤全磷及有效磷含量无显著关系。

表 12-3　全氮、碱解氮与芦苇群落的相关性

指标	0~10cm		10~20cm		20~30cm		30~40cm		40~50cm	
	全氮	碱解氮	全氮	碱解氮	全氮	碱解氮	全氮	碱解氮	全氮	碱解氮
茎鲜重	0.066	0.040	-0.003	0.157	0.018	0.046	-0.228	-0.114	0.106	0.021
叶鲜重	0.250	0.470**	0.296*	0.388**	0.325*	0.400**	-0.228	-0.189	-0.052	-0.081
穗鲜重	-0.091	-0.082	-0.091	-0.055	-0.053	-0.053	-0.155	-0.137	-0.049	-0.049
总鲜重	0.154	0.222*	0.116	0.287*	0.145	0.199*	-0.279	-0.172	0.063	-0.017
叶面积	0.032	0.099	-0.038	0.107	0.007	0.069	-0.175	-0.063	0.111	0.086
密度	-0.040	-0.165	-0.101	-0.177	-0.124	-0.168	0.046	0.126	-0.225	-0.145
高度	0.177	0.307*	0.159	0.328*	0.184	0.273	-0.291	-0.101	0.123	0.128
盖度	0.271	0.261	0.157	0.278	0.158	0.215	-0.141	0.163	0.019	0.203
株径	0.132	0.256	0.080	0.247	0.103	0.184	-0.236	-0.113	0.154	0.116

表 12-4　全磷、有效磷与芦苇群落的相关性

指标	0~10cm		10~20cm		20~30cm		30~40cm		40~50cm	
	全磷	有效磷	全磷	有效磷	全磷	有效磷	全磷	有效磷	全磷	有效磷
茎鲜重	-0.101	-0.079	0.180	-0.090	0.329*	-0.064	0.340*	0.051	0.278*	-0.215
叶鲜重	-0.084	-0.164	0.083	0.071	0.023	-0.131	-0.076	-0.131	-0.059	-0.197
穗鲜重	-0.115	0.144	0.018	0.215	0.113	-0.045	0.075	0.098	-0.101	-0.187
总鲜重	-0.121	-0.130	0.184	-0.043	0.286*	-0.107	0.243	-0.011	0.197	-0.257
叶面积	0.080	-0.079	0.055	-0.004	0.264	-0.097	0.239	0.020	0.149	-0.231
密度	0.110	0.023	-0.040	0.153	-0.087	0.351*	-0.226	0.283	-0.037	0.218
高度	-0.066	-0.194	0.213	-0.062	0.254	-0.164	0.141	-0.120	0.105	-0.181
盖度	0.117	-0.265	0.234	-0.025	0.165	0.034	0.090	0.139	0.088	0.058
株径	-0.111	-0.149	0.164	-0.038	0.225	-0.146	0.254	-0.063	0.151	-0.240

四、讨论与结论

土壤有机质是衡量土壤肥力的重要指标之一，也是湿地生态系统生物循环中的重要环节之一。芦苇湿地的土壤有机质主要来源于水生动植物残体和植物凋落物的分解、根系分泌物和动物、微生物的代谢产物。刘树等(2008)发现要促进芦苇湿地产能的持续增长，必须最大限度地保护芦苇湿地残留物回归土壤，增加土壤有机质含量，培肥地力。段晓男(2004)对乌梁素海野生芦苇群落的研究中也指出在芦苇生长的过程中，土壤有机质的分解对芦苇没有毒害作用。只有通过合理的人工调控，形成良性生态循环，才能促进芦苇群落的高产优质。

N、P、K 是芦苇植株构建的重要的营养元素，在条件不相同时，土壤中 N、P、K 含量及其不同的施肥量和施肥比例对芦苇的产量有很大的影响。王国生等(1989)通过田间实验和盆栽实验发现：N、P、K 施肥量为 16:1:8(盆栽)和 13.8:1:8.3 时，有利于芦苇生长，

而要获得较高的生物量，芦苇植株对 N、P、K 的吸收的平均比例应保持在 4.6∶1∶5.3；对 N、P、K 的吸收利用 N > K > P。段晓男(2004)也指出野生芦苇群落的生物量随着水体氮浓度的增加而增加。因此，当条件一定时，生境中营养元素的含量和比例对芦苇的生物量有着决定性的作用，其在研究芦苇群落生长变化中也是不可忽视的生态因子。

盐分胁迫对芦苇的光合作用有重要影响，对于和田绿洲不同生态型芦苇光合速率之间有明显差异，随生境盐度增加而降低，从大到小的顺序为：水沼泽芦苇 > 轻度盐化草甸芦苇 > 重度盐化草甸芦苇(古丽娜尔·哈里别克，2012)。在盐分处理下，分株高度、各构件生物量和总生物量以及生物量分配均表现出不同程度的表型可塑性，大多数数量性状呈现相同方向的可塑性变化，即盐处理时呈先升高后降低的变化，在 60mmol/L 浓度时达最大值(邱天 等，2013)。在江苏盐城自然保护区，芦苇的生态交错区盐度一般是 1%~1.5%，这种环境有利于芦苇定植后产生株高上的优势(肖燕 等，2011)。

通过对银川平原芦苇湿地土壤的含水量、pH、全盐含量、有机质含量、全氮、有效氮、全磷、速效磷等生源要素的垂直分布进行研究。结果显示：土壤含水量与土壤 pH 几乎是有着完全相反的变化规律，湿地土壤含水量从表层到深层呈逐层降低，其根本原因是各层的土壤性质决定的。在表层(0~10cm)主要为枯落物和草根，它们本身具有超强的持水能力；10~20cm 为泥炭层，富含腐殖质，保水效果较好；在 20cm 以下即 20~50cm，主要是多年沉积物层，而且越往下其年限越久远，土壤的紧实度也就愈大，孔隙度降低，直接影响了土壤的持续能力。pH 则相反，由于上层枯落物及其他有机质含量高，在腐殖化过程中会产生一些酸性物质对碱性环境起到一定中和作用，与此同时，表层的淹水或高含水量环境更加推进了这一过程。越到下层有机质含量越低，同时由于形成时间久远，可能不再产生酸性物质或者 H^+ 早已完全释放。

从各生源要素的土壤垂直分布可以看出，有机质、全氮、碱解氮、全磷和有效磷的变化规律几乎完全一致，表明了这 5 个生源要素有着十分紧密的联系。土壤有机质包括了土壤微生物和土壤动物及其分泌物以及土体中植物残体和植物分泌物，相当于一个养分库，是土壤养分的主要来源。芦苇湿地环境更为复杂，它富含各种动植物和微生物，同时具备较为特殊的水、土环境，各种环境因子的综合作用会使这些有机质通过腐殖化过程进一步分解并形成腐殖质，其中富含 N、P 等元素，可以为植物所吸收利用。从结果来看，银川平原芦苇湿地的养分含量较高，反映出其较高的肥力水平。然而，银川平原湿地由于接受大面积的农田退水，因此 N、P 含量高，另一方面预警着水体的富营养化，需要进一步研究。

土壤全磷和有效磷整体变化无明显规律性，且变化幅度较大，尤其是在 20~50cm 的土层，但在 0~20cm 的土层含量较为稳定，0~20cm 主要是枯落物及泥炭，分解过程中产生大量有机磷可以补充全磷含量，同时银川平原湿地由于大量汇入了农田退水可直接补充磷元素特别是在表层。而全磷和有效磷的变化没有明显的一致性，这表明了湿地土壤中有效磷的来源不完全是湿地土壤全磷提供，应该还有其他外源如农田退水等。

综上所述，在 0~50cm 的土层，土壤含水量、土壤全盐、有机质含量、土壤全氮及碱解氮含量变化规律比较相似，由表层到深层，整体表现为由高变低，在 0~40cm 表现为急剧下降，在 40~50cm 又有所升高，表现出明显的表聚性；土壤 pH 和有效磷则规律不明显，但总体呈现出由低到高的趋势。

第 4 部分
芦苇群落退化与恢复

第13章 银川平原芦苇群落退化特征分析

通过对银川平原湿地芦苇退化问题开展访谈调查，结合连续3年的群落调查和监测，对照分析芦苇的各项生长指标和各样地的生境特征，确定了阎家湖、鹤泉湖、青铜峡库区、沙湖和清水湖5个样区共计8组样地24个样方，代表明显未退化芦苇群落；选定了文昌双湖、鸣翠湖、丽景湖、艾依河、唐徕渠5个样区8组样地的24个样方，作为不同程度退化的芦苇群落，对它们的各项特征进行分析比较，结果如下。

一、群落学特征

1. 垂直分层

通过对湖泊湿地芦苇群落的调查发现，大多数表现出优势生长的芦苇群落为单一群落，只有极少分为两个亚层，即上层为芦苇，下层为水莎草等植株相对矮小的植物。而那些表现出退化势头的芦苇生长状况不佳，垂直结构上多数分为三层，少部分少则两层，多则四层，其中芦苇种群构成第一亚层；第二、三亚层通常由相对低矮的芦苇植株与香蒲、水葱构成，或者由菖蒲、藨草等构成；如有第四亚层的话，通常亦为植株相对矮小的湿中生植物，这种情况芦苇的生长状况较单一芦苇群落的差，表现出一定的退化趋势，主要为密度和盖度降低，平均株高减小等。

2. 生物多样性

群落生物多样性是生物丰富度和均匀度的函数。有关群落生物多样性的计算模型很多，它们的差别在于对丰富度和均匀度这两个变量所赋予的权重不同。此处选用Patrick丰富度指数、Shannon-Wiener多样性指数、Simpson优势度指数和Pielou均匀度指数等对未退化以及退化芦苇群落进行比较(何彤慧 等，2013)，具体如下：

(1)物种丰富度指数：Patrick指数 $P=S$；它反映植物群落内部或生境中所包含物种数

量多少的指标，数值越大说明物种的丰富度越高，反之则说明物种丰富程度较小。

(2)物种多样性指数：Shannon-Weiner 指数 $H = -\sum_{i=1}^{s} Pi\ln Pi$；它反映群落物种多样性的指标，数值越大表示群落中生物种类越丰富，群落的复杂程度也越高；数值越小则表明群落中生物种类越少，群落也越简单。

(3)物种均匀度指数：Pielou 指数 $E = H/\ln S$；它表示群落中物种空间分布的均匀程度，指数值越大说明植物分布的越均匀，物种在群落中的生态贡献也就越大。

(4)物种优势度指数：Simpson 指数 $D = 1 - \sum_{i=1}^{s} p_i^2$，它是反映群落中物种优势程度的指标，值越大说明群落中优势物种越少；反之则说明群落中优势物种越多。

以上式中 S 代表样方内某一物种数目；Pi 为样方内某一物种的相对重要值(Pi = 相对盖度/100)。

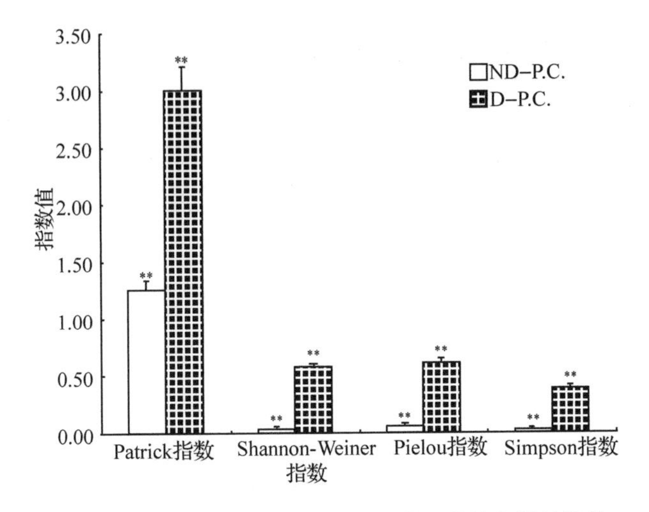

图 13-1 银川平原退化和未退化芦苇群落的多样性指数

注：ND-P. C. 表示未退化芦苇群落，D-P. C. 表示退化芦苇群落；

** 表示在 0.01 水平上差异极显著，后同。

从银川平原退化和未退化芦苇群落各多样性指数的计算结果(图 13-1)中可以看出：芦苇群落的 Patrick 指数值整体不大，即芦苇群落的植物种类较低，但退化芦苇群落的 Patrick 指数要显著大于未退化芦苇群落；Shannon-Weiner 指数在退化芦苇群落的值要显著大于未退化芦苇群落，即退化芦苇群落的多样性和复杂性要高于未退化芦苇群落；Pielou 指数反映群落中物种空间分布的均匀程度(包括随机散点分布、斑块状分布、均匀分布等类型)，结果显示退化芦苇群落的 Pielou 指数值大于未退化芦苇群落，说明退化芦苇群的物种分布较之均匀；Simpson 指数结果显示退化芦苇群落的物种优势度值要显著大于未退化芦苇群落，说明尽管退化芦苇群落其物种数多但是优势种却很少，在宁夏全区内主要为芦苇，这与受调查人群的普遍认识较为一致。

3. 植被覆盖度及总生物量

植被覆盖度简称盖度，指植物群落总体或各个体的地上部分的垂直投影面积与样方面积之比的百分数。通过对银川平原芦苇湿地的植物群落调查发现，芦苇种群是芦苇湿地植物群落总覆盖度主要构成部分，群落内其他植物的盖度不尽相同，然而对于分层明显的芦苇群落而言，其各亚层的主要植被的盖度又有所差异。

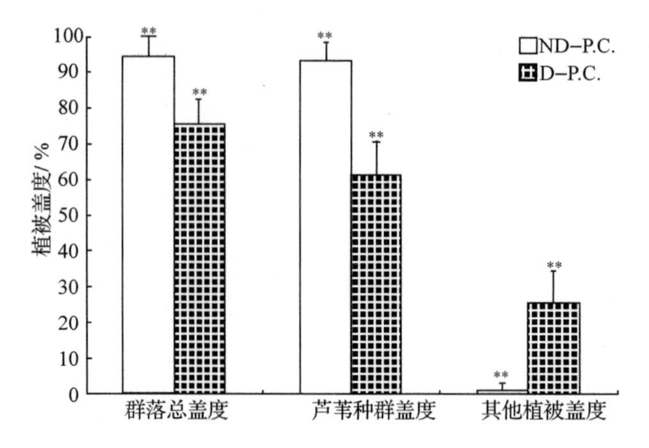

图 13-2　银川平原退化和未退化芦苇群落盖度

从银川平原退化和未退化芦苇群落盖度图(图 13-2)可以发现：在群落总盖度以及群落内芦苇种群的盖度均为未退化群落 > 退化群落，而其他植被的盖度则为退化群落 > 未退化群落，且它们之间差异极显著($P<0.05$)，这是因为芦苇在表现出退化的趋势后，其他植物可以侵入进来，并进一步与现有的芦苇产生竞争。

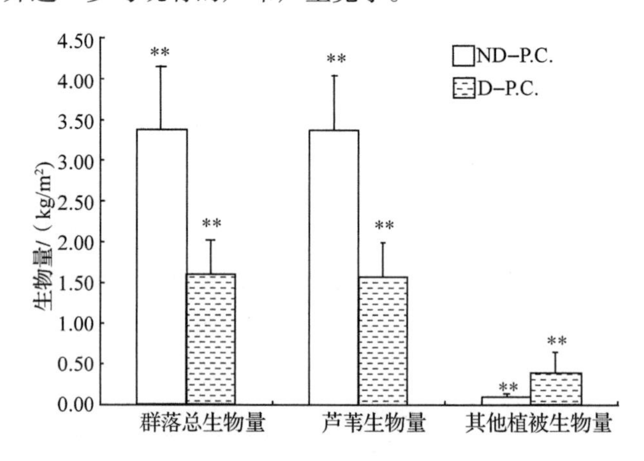

图 13-3　芦苇群落的生物量

对银川平原退化和未退化芦苇群落的地上干生物量的方差分析(图 13-3)则发现：未退化芦苇群落与退化芦苇群落在生物量方面有显著差异，未退化芦苇群落地上总干生物量为 1.92～5.92kg/m^2，平均为 3.37kg/m^2；退化芦苇群落地上总干生物量在 0.54～3.47kg/m^{2}之间，平均为 1.60kg/m^2。未退化芦苇群落的地上总生物量是退化芦苇群落总生物量的 2 倍多，未退化和退化芦苇湿地的芦苇生物量均表现为未退化 > 退化；而群落内其他植被的生物量均表现为退化 > 未退化，芦苇仍旧是芦苇湿地生物量的主要构成部分。

二、生境特征

1. 水深与草炭层

芦苇的适应能力强，不论是湖泊、沼泽、滩涂还是在沟渠、田埂，都可以生长，甚至是在沙漠中芦苇亦可生存，即通常所称沙苇(张承烈 等，2003)。调查发现，银川平原湿地芦苇群落的环境条件差异性较大，例如沙湖、鹤泉湖以及清水湖水深均在80cm甚至是1m以上，芦苇生长状况极好，几近是研究区湿地中芦苇生长状况最好的样地，它们除了水深相似外，芦苇群落的基部都形成了薄厚不一的草炭层(最厚可达1m)，这些草炭层主要是由芦苇的横走茎、支持根和枯落物组成，它们的形成为芦苇提供了良好而又稳定的生活环境，如减缓水流速度，涵养水分等。草炭层的养分包括速效养分的含量也较高，其上的支持根可直接汲取，为芦苇的生长提供充足的养分，而且持水能力很强，实验表明草炭的持水能力是其本身质量的3倍以上。再如阎家庄和鸟岛的芦苇生长状况几乎也达到最佳状态，但从生境上看，与沙湖、鹤泉湖及清水湖的水位差异较大，这两处的芦苇并非处于淹水状态，但是其表层都形成了类似于草炭的泥炭或枯落物层，其功能几乎无异于草炭层，即保水能力和养分含量均较高，为该处芦苇的生长发育提供了良好的条件。然而像文昌双湖、鸣翠湖、艾依河尽管都是淹水状态，但并无草炭层形成，芦苇生长状况一般甚至有退化的趋势。综合来看，有否草炭层并不是唯一的原因，这3处的芦苇受人为活动影响较大，尤其是艾依河和鸣翠湖，由于常有游人和垂钓者活动，干扰频繁、破坏较为严重，这也是影响芦苇生长的重要因素。另外像鸣翠湖由于近几年的开发活动频繁，开挖及填埋现象较为常见，直接导致芦苇群落的衰退。丽景湖、唐徕渠和木材厂湖的芦苇从观测和分析结果来看，其长势也较差，它们除了无草炭形成外，最主要的可能是由于这几处的水深变化幅度相对较大，主要是定期或不定期的灌水导致的。水文环境的不规律波动不利于芦苇的生长，可能是芦苇生殖能力变弱和退化的重要原因，但如果是相对比较规律的水位波动，芦苇的生长和繁殖能力会在几年中恢复乃至提升。

2. 各土层含水量、pH、全盐含量及有机质含量

比较未退化与退化芦苇群落生境土壤含水量、pH、全盐及有机质含量(图13-4)，可以看出：在0~50cm的土层中未退化芦苇湿地的土壤含水量显著大于退化芦苇湿地土壤含水量；土壤pH在各层表现不一致，但均大于8.0，表明研究区湿地土壤整体偏碱性，其中在0~10cm、30~40cm及40~50cm土层的土壤pH表现出未退化芦苇群落大于退化芦苇群落，10~20cm及20~30cm土层则相反；土壤全盐在0~30cm中各层的含量均是未退化芦苇群落大于退化芦苇群落，且在0~10cm表现得最为突出，30~40cm及40~50cm则相反。土壤有机质含量未退化芦苇群落和退化芦苇群落在0~40cm变化较为一致，即未退化芦苇群落大于退化芦苇群落，但是在40~50cm出现逆转。综合来看，表层的含水量、pH、土壤全盐含量以及土壤有机质含量均较高，表现出一定的表聚性，且未退化芦苇群落均高于退化芦苇群落。

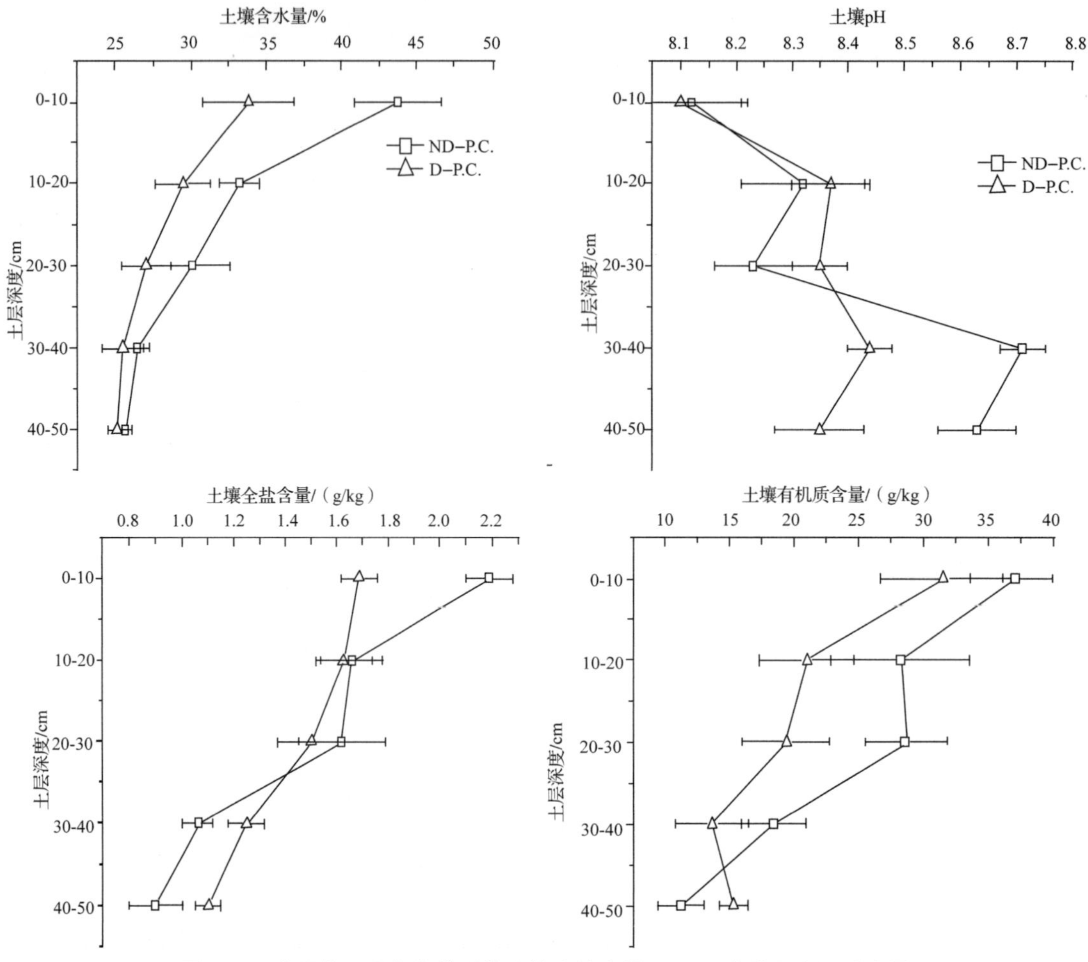

图 13-4　未退化、退化芦苇群落生境土壤水量、pH、全盐及有机质含量

3. 各土层全氮、速效氮、全磷、有效磷含量

氮、磷是植物生长所需的重要营养元素，比较未退化及退化芦苇群落生境中的土壤氮、磷养分含量(图 13-5)，可以发现：全氮(TN)和速效氮含量在 0~50cm 的各土层中，未退化芦苇群落和退化芦苇群落的变化规律几乎完全一致，且在 0~30cm 的土层中是未退化芦苇群落大于退化芦苇群落，在 30~50cm 土层中则是退化芦苇群落大于未退化芦苇群落；土壤中磷元素含量在 0~50cm 的土层中变化存在较大的波动性，在各层的变化规律比较紊乱，其中全磷及有效磷含量在 0~10cm 均表现出退化芦苇群落大于未退化芦苇群落，在 10~30cm 则均表现为未退化芦苇群落大于退化芦苇群落，在 40~50cm 则不尽相同，全磷含量为未退化芦苇群落大于芦苇群落，有效磷含量是退化芦苇群落大于未退化芦苇群落。综合来看，全氮和速效氮在芦苇湿地中表现出表聚性，而磷元素却无此表现。

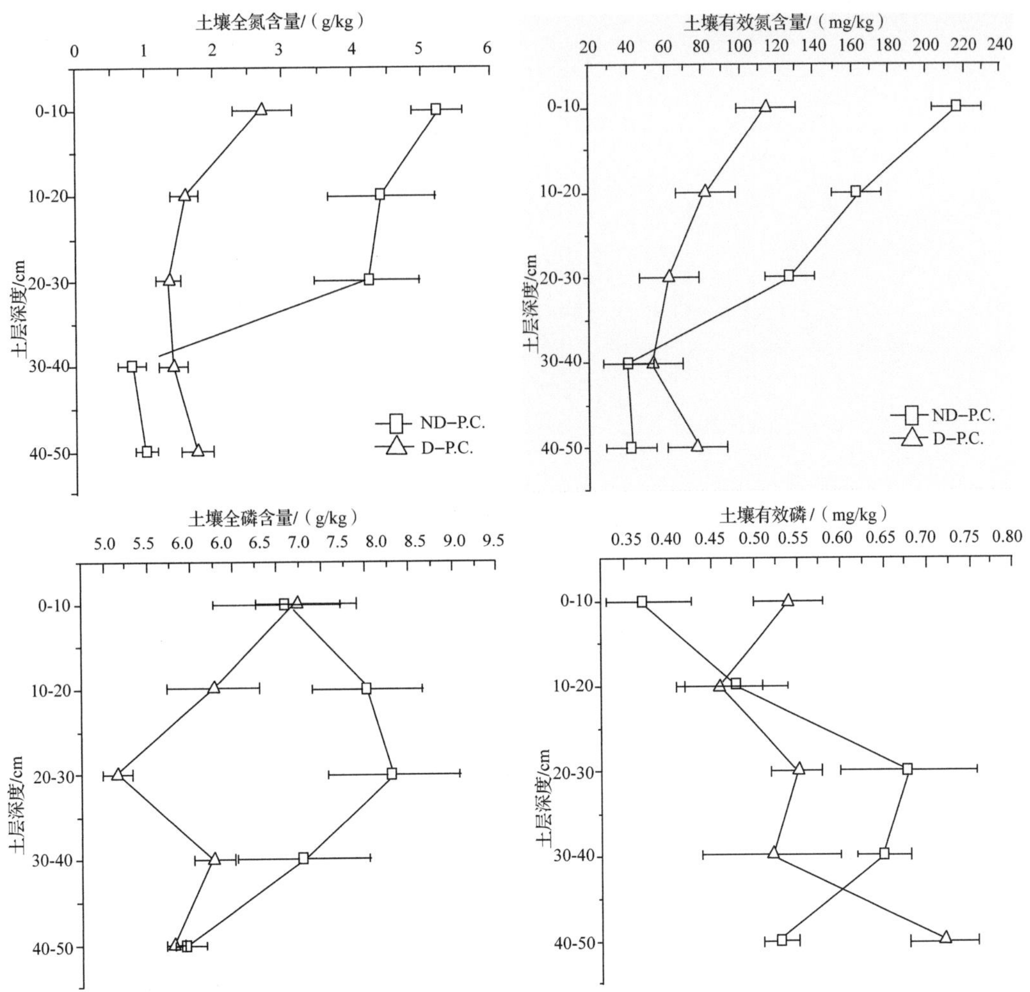

图13-5 未退化、退化芦苇群落生境土壤氮、磷养分含量

注：图中D. P. C为退化芦苇群落；N. D. P. C为未退化芦苇群落。

三、生长特征

通过对芦苇群落中优势种群（芦苇）的盖度及密度，以及芦苇植株的高度、叶片数量、叶面积、分节数、株径以及地上各部分的生物量进行的比较分析，可以看出未退化和退化芦苇群落生长特征的差异。

1. 高度、盖度及密度

比较未退化、退化芦苇群落中芦苇种群的高度、盖度及密度（图13-6），可以看出：退化芦苇和未退化芦苇的株高和密度有显著差异，但这种差异不尽一致，即株高表现为：未退化>退化，差距近乎两倍；密度则相反，即：退化>未退化，两者之间的差距亦近乎两倍，出现这种情况可能的原因是增加密度是退化芦苇的一种生殖策略。另外，尽管二者的盖度差异并不显著，但是其趋势仍旧表现为：未退化>退化。

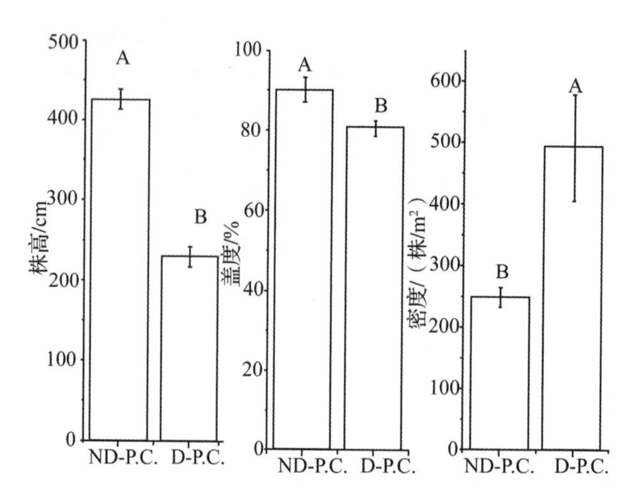

图 13-6　未退化、退化芦苇群落中芦苇种群的高度、盖度及密度

注：图中不同小写字母表示在 0. 05 水平上差异显著；不同大写字母表示在 0. 01 水平上差异极显著。

2. 现存叶面积、叶片数、分节数及株径

通过对未退化与退化芦苇叶和茎的相关指标的比较(图 13-7)，可以看出：退化与未退化芦苇的叶面积、叶片数、分节数和株径都表现为：未退化＞退化，且所有指标均有显著差异，未退化芦苇的叶面积和株径差不多是退化芦苇的 1. 7～2. 0 倍，叶片数和分节数的表现规律较为一致，未退化要比退化芦苇多 1～2 片。但无论是退化还是未退化的芦苇群落中的植株，各自的分节数和叶片数的表现规律亦一致，即分节比叶片数多 2 片，可以看成是芦苇植株的稳定特征。

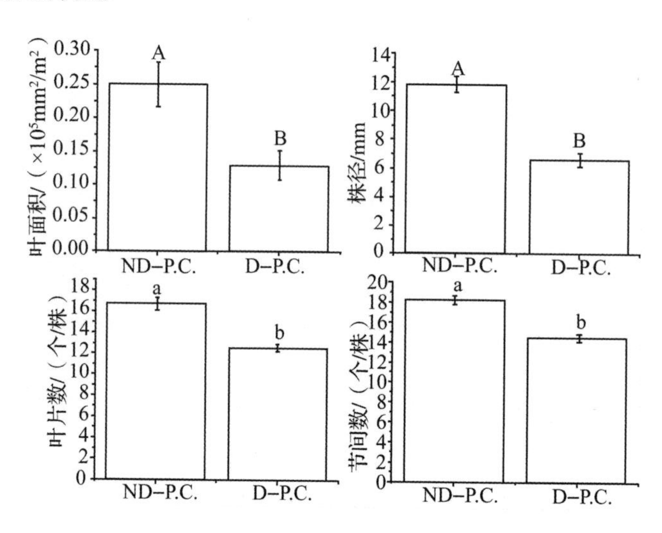

图 13-7　未退化、退化芦苇群落中芦苇种群的叶面积、叶片数、分节数及株径

3. 地上生物量

从表 13-1 可以看出，未退化与退化芦苇相比，二者的茎鲜重生物量、叶鲜重生物量、穗鲜重生物量、地上总鲜重和地上总干重均表现为未退化＞退化且差异均显著。但是茎、叶及穗的鲜重所占地上总鲜重的比例不同，未退化芦苇表现为：茎鲜重生物量＞叶鲜重生

物量>穗鲜重生物量；退化芦苇表现为：叶鲜重生物量>茎鲜重生物量>穗鲜重生物量，即茎叶所占的比重刚好相反；穗的鲜重生物量尽管表现为未退化>退化，但是它们所占的比重不同，退化芦苇穗鲜重所占比率为1.02%，大于未退化芦苇穗鲜重0.81%的比率。

表13-1 退化与未退化芦苇地上生物量比较

	茎鲜重生物量/(kg/m^2)	叶鲜重生物量/(kg/m^2)	穗鲜重生物量/(kg/m^2)	地上总鲜重/(kg/m^2)	地上总干重/(kg/m^2)
ND-P. C.	2.35±0.54a (69.92)	0.98±0.21a (29.27)	0.03±0.01a (0.81)	3.36±0.45a (100)	1.43±0.62a (—)
D-P. C.	0.67±0.13b (42.51)	0.88±0.90b (56.47)	0.02±0.01b (1.02)	1.56±0.33b (100)	0.61±0.13b (—)

注：同列不同小写字母表示在0.05水平上差异显著；( )表示该部分占地上总鲜重的比例。

四、讨论与结论

芦苇退化在全球是个普遍现象，在欧洲和我国被广泛关注，退化的表现一般被归纳为面积萎缩与局部消失、被其他植物取代、生物量显著下降、高度下降、枯稍等方面。这些现象在银川平原都程度不同地存在着，而且从访谈调查过程中得到有关芦苇退化性状的更多信息，如高矮不齐、叶片减少并缩小，等等。本研究筛选出基本未退化和已退化的2组各5区8点24个样地，进行群落学、生态学和生长特征方面的对比分析，初步得到以下结论：

第一，从群落学特征来看，退化芦苇群落通常分层较多，其Patrick指数、Shannon-Weiner指数、Pielou指数以及Simpson指数均显著大于未退化芦苇群落；退化芦苇群落其群落生物量、群落总盖度及群落内芦苇总生物量及芦苇盖度均显著低于未退化芦苇群落，然而群落内其他植物的盖度及生物量却是退化芦苇群落显著大于未退化芦苇群落，说明结构复杂化和生物多样性增加是芦苇群落的退化性状，稳定的芦苇群落更趋向于形成单优种群落。

第二，长势较好的芦苇群落多分布于淹水或地下水位较浅的环境条件下，且往往在表层形成厚度可达1m左右的草炭层，这种草炭层一方面在芦苇群落的生长发育中起着保温保水的重要作用；另一方面，又形成水域的天然浮岛，扩大了根系的吸收面积和营养物质获取量。人类的工程活动，如开发(开挖)、垂钓以及填湖造房、填湖造田等对芦苇湿地的破坏较大，开挖使得下垫面条件发生变化，特别是淹水状态会发生较大变化，其上覆被的草炭层会因为干燥而失去保水保土作用，调节能力和物质交换能力大大降低。与此同时，开挖使得芦苇地下根茎遭到机械性破坏而发生溃乱，破坏了原有的物质和能量运输关系，不利于芦苇的生长发育。

第三，水、土等生态要素的对比分析显示，在0~50cm的土层中未退化芦苇湿地的土壤含水量显著大于退化芦苇湿地土壤含水量；芦苇湿地的土壤均呈现碱性，且pH变化规律一致；土壤全盐含量以及土壤有机质含量在表层均较高，表现出一定的表聚性，且未退化芦苇群落均高于退化芦苇群落；全氮和速效氮含量在0~50cm的各土层中，未退化芦苇群落和退化芦苇群落的变化规律几乎完全一致，全磷和有效磷规律不明显。同时也发现，氮素在所有芦苇湿地中都表现出表聚性，而磷元素则无此表现。由此也说明，银川平原芦苇群落退化与否更多地受到生境中水分要素的制约，盐分目前并不是导致湿地芦苇退化的主要因素，而土壤盐分的降低可能使得芦苇种群的竞争性减弱，从而不得不面对更多其他物种的入侵和竞争。而养分等要素的影响则不甚显著。

第四，从植物生长特征来看，未退化芦苇群落的芦苇高度、盖度、叶面积、株径、叶片个数以及节间数均显著大于退化芦苇群落，而密度则是退化芦苇群落大于未退化芦苇群落，甚至达到2.5倍之多，是个反向对应指标；研究还发现退化芦苇生活周期较未退化芦苇的短，生长季有所压缩，这可能是水分胁迫所致(LI Jianguo，2004)。在生物量上，茎鲜重生物量、叶鲜重生物量、穗鲜重生物量、地上总鲜重和地上总干重均表现为未退化显著大于退化芦苇群落，退化芦苇穗鲜重所占比率大于未退化芦苇穗鲜重所占比率，这完全符合植物在逆境状态以保障后代延续为主的生殖对策。芦苇作为克隆植物，在环境状况良好时以根茎繁殖为主，可以理解为采用K对策；当环境状况恶劣时，芦苇会产生大量的种子以通过远距离传播来保障其种群最大的延续，尽管其种子萌发繁殖的成功率非常低，但r对策无疑是其最佳选择。

总体来看，退化芦苇群落的主要特征表现为群落多样性增加、分层结构复杂化、植株矮化、盖度降低、叶面积及叶片个数减少、分节数减少、株径变细、地上生物量减少、生产力下降、生长周期变短、生活力变弱，但是在不同的退化阶段，各性状的典型表现有所差异(图13-8)。此外，调查发现退化芦苇的种群密度反而大于未退化的芦苇，同一时段的抽穗率亦表现出大于未退化的芦苇(即抽穗期提前，抽穗率降低，生活周期变短)，这表达了退化芦苇群落自身内部的一种自我保护机制，即通过增加密度、增加种子、缩短生活周期促使和保障其种群得以延续。

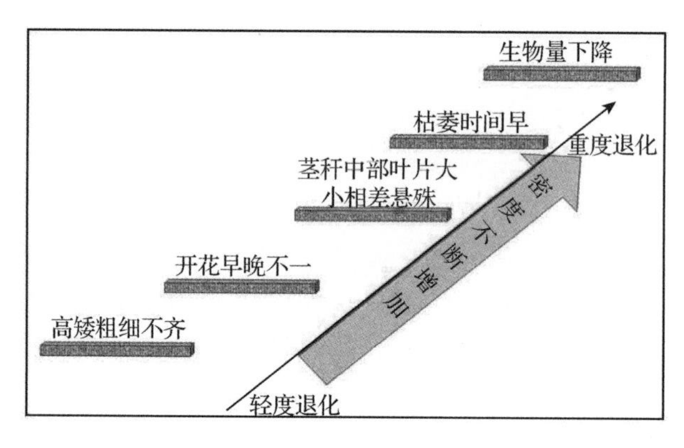

图13-8　退化芦苇群落不同退化阶段的典型性状

第 14 章 不同管理方式对银川平原芦苇群落的影响

银川平原的芦苇群落虽然大部分为自然形成，但因为银川平原本身是黄河上游地区的人工绿洲，引黄灌溉形成的沟渠排灌体系的运转情况，在很大程度上影响着湿地的水文过程，进而影响了包括芦苇在内的湿地生物种群、群落特征。按照长期形成的灌溉制度，银川平原在一个作物生长期通常施行三轮灌溉，即立夏—夏至为头轮水、夏至—寒露前为二轮水、霜降—小雪前为三轮水(《宁夏水利志》编纂委员会，1992)，具体灌水频次与灌水量视作物种类及品种、地形位置、土壤质地、地下水位埋深等决定。由于湿地在银川平原有水文调蓄功能，农田周边的湿地通常在灌溉期因侧向补给和灌溉退水而水位抬升，在收获季节则需要人为排干以降低农田水位方便收割。有防洪作用的湿地在汛期到来之前必须排空蓄水，城镇景观湿地则力求保障水位的稳定，往往缺水即补，补不上渠水补沟水，补不上沟水抽取地下水补给。由此可见，银川平原湿地面对的最主要管理方式应当在水资源方面。正是由于水资源管理形式的多样性，才构成了银川平原芦苇湿地环境的复杂性和多变性，加之近年来大规模的湿地补水措施，更是加大了湿地水环境变化的不规律性，野外实验样地难以布设更难以保存，故采用栽培状态下的环境控制，进行水管理方式对芦苇湿地影响方面的研究。

银川平原地区还存在着收割、过火、采叶、喷除草剂等芦苇管理和利用方式。收割是一种极为传统的管理和利用方式，在邻近的鄂尔多斯地区现在还有 8 月收割以贮备牛、马等大牲畜冬饲料的习俗(旗河，2012)，苇草收获后还用于编织草帘、造纸、做饭取暖等。近年来由于人工成本上升和收购价下降，芦苇的资源性收割意义不大，主要出于防火防汛等需求进行冬季陆上或冰上收割。过火或火烧是春季常见的芦苇处置方式，或针对未及收割苇地，或为已收割苇地残茬，或为农地边缘包括芦苇在内野草的烧荒，调查发现，民间认为过火不但有利于芦苇的复壮，更可以刺激芦苇提前萌发以延长牛羊在芦苇地的放牧时间，当地农民有时在仲秋或晚春通过火烧农地周围芦苇以增温减霜。

以上调控和利用方式是银川平原地区的最主要的芦苇管理方式，可合并为收割管理及水分管理两大类。通过不同的调控试验，研究这些管理方式对芦苇群落生理、生态的影响，可以为芦苇湿地的科学管理和有效调控提供依据。

一、去除方式对芦苇的影响

本研究主要对阅海、流芳园湖和木材厂湖选择样地，进行不同的收割处理后定点观测。已有的研究表明，去除与否与去除方式对芦苇的生长发育产生一定影响(刘秋华 等，2013)；也有研究表明，不同时间、不同强度和频度的火烧，对湿地生境影响程度也不同，同时对湿地的主要植物群落——芦苇群落的形态特征、生长发育、生态适应产生不同程度的影响(舒展 等，2010)。本实验在3个湖设定了收割移除和春季过火2种收割方式，其中收割移除组处理还设定了不同的留茬高度，包括留茬0cm、10cm、20cm、30cm以及40cm，实验布设方法已如本文第四章所述。同时也在3个湖泊早春时期圈出没有任何收割(即自然保留状态)的对照组，与收割样地一样，每块保留样地也按3个重复布设。选取了生长旺盛的时间(主要在7月中旬，也即芦苇准备由营养生长转入生殖生长的过渡期)，此时进行芦苇种群特征的测定反映的是芦苇生长最旺盛的状态(张玉峰 等，2012)、光合作用也最强(吴统贵 等，2009)。

1. 去除方式对芦苇生长的影响

对收割移除(以下简称收割)、自然保留(以下简称保留)和春季过火(以下简称火烧)样地芦苇的生长情况的调查数据进行方差分析，结果见图14-1、图14-2。

(1)不同去除管理方式对芦苇群落生长特征的影响

由图14-1、图14-2可以看出：不同管理方式对芦苇生长产生了不同的影响，如火烧处理芦苇的株径、现存叶片、节间数、还有密度均与其他处理有显著差异，但这种差异所导致的结果并非完全一致，火烧处理的芦苇的株径、现存叶片数以及节间数均大于保留和收割处理组，然而密度却小于另外两个处理组。具体体现为：①株径：火烧>收割>保留；②现存叶片：火烧>收割>保留；③密度：收割>保留>火烧。

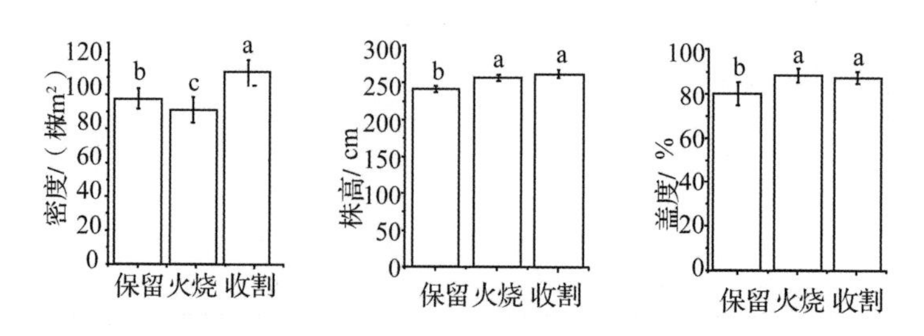

图14-1　不同去除管理方式下芦苇的密度、株高及盖度

火烧处理组的盖度和株高与未收割处理组有显著差异，与收割处理组无显著差异，而3个处理组之间的叶面积也无明显差异。具体体现为：①盖度：火烧>收割>保留；②株

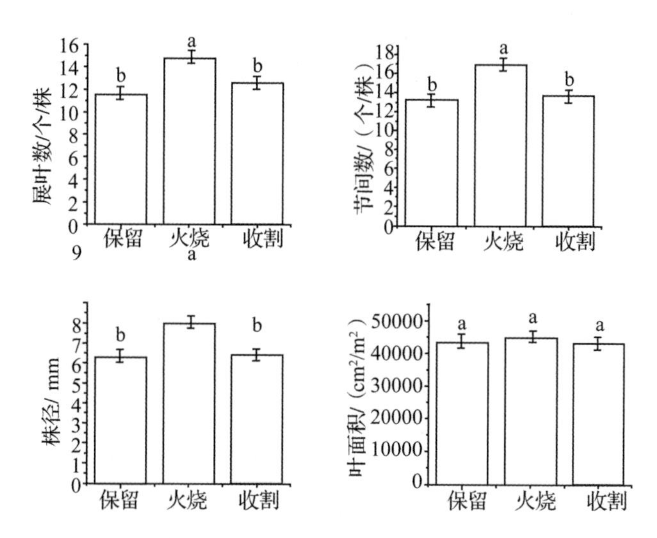

图 14-2 不同去除管理方式下芦苇的展叶数、节间数、株径及叶面积

高：收割 > 火烧 > 保留；③叶面积：收割 > 火烧 > 保留。

（2）不同管理方式对芦苇地上生物量的影响

从表 14-1 中可以看出：管理方式对芦苇地上生物量也产生了一定的影响，不同收割处理组的芦苇的叶生物量之间无显著差异，而火烧处理组与自然保留及收割处理组各部分的干重均有明显差异，保留和收割处理组之间均无显著差异，但具体生物量不尽相同，表现为：①茎干重：火烧 > 收割 > 保留；②叶干重：收割 > 火烧 > 保留；③穗干重：火烧 > 保留 > 收割；④地上总干重：火烧 > 收割 > 保留。不仅如此，我们监测中还发现：火烧处理组芦苇同时期的穗干重生物量远大于其他处理组，这是由于火烧后使土壤的理化性质发生一定的变化，诸如为土壤升温，促使了芦苇的冬芽打破休眠而很早就萌发出来，火烧处理组的芦苇要较其他两个处理组的先萌芽半个月左右，而且在同样的水分条件下，火烧处理组生长得更好，更早进入生殖生长，从而能够保证更长的生殖生长期。这也是同一时期其穗的干重生物量和地上总生物量干重远大于其他处理组的重要原因之一。另外，不论是哪种情况的处理，芦苇的茎秆生物量都占据着地上生物量的大部分，说明芦苇作为一种根茎型禾本植物，茎的生长和生物量的积累占优势。

表 14-1 不同去除方式下芦苇地上生物量对比

管理方式	茎干重/（g/m²）M ± SD	叶干重/（g/m²）M ± SD	穗干重/（g/m²）M ± SD	地上总干重/（g/m²）M ± SD
保留	1221. 72 ± 237. 29b	417. 46 ± 99. 42a	10. 36 ± 3. 16b	1649. 55 ± 339. 76b
	（74. 06）	（25. 31）	（0. 63）	（100）
火烧	1826. 10 ± 109. 04a	481. 06 ± 28. 61a	74. 58 ± 1. 47a	2381. 74 ± 138. 92a
	（76. 67）	（20. 20）	（3. 13）	（100）
收割	1303. 94 ± 44. 65b	500. 29 ± 25. 70a	9. 99 ± 8. 76b	1814. 22 ± 53. 78b
	（71. 87）	（27. 58）	（0. 55）	（100）

注：表中 M 为平均值，SD 为标准差；同列不同小写字母表示在 0. 05 水平上有显著差异；（）表示该部分占地上总干重的比例；下同。

2. 不同留茬高度对芦苇生长的影响

通过对不同留茬高度芦苇密度、高度、盖度、展叶数、节间数、株径进行方差分析(见表14-2)发现，不同留茬处理之间并没有显著差异，调查发现收割处理的芦苇的密度在79~195株/m^2，株高在192~398cm之间，盖度在80%~100%，展叶数在10~20片之间，节间数在12~24个之间，株径在4.74~10.01mm之间。盖度的变异系数小于10%，表明在此生长阶段芦苇种群盖度的值是稳定的。而高度、展叶数、节间数以及株径的变异系数多在10%~20%之间，表明这些作为芦苇种群的基本生长指标而言是相对稳定的，不会轻易发生较大的变化，可塑性较小。而密度的变异系数均大于20%，甚至接近30%，表明其具有较大的可塑性，即一定的时间或空间的差异可以使之发生较大的变化。

表14-2 不同留茬高度处理芦苇各生长指标对比

留茬高度	密度/(株/m^2)	株高/cm	盖度/%	现存数/片	节间数/个	株径/mm
cm	M±SD(CV)	M±SD(CV)	M±SD(CV)	M±SD(CV)	M±SD(CV)	M±SD(CV)
0	112.33±30.48 (27.14)	251.00±39.10 (15.58)	83.89±4.17 (4.97)	13.67±1.94 (14.19)	15.67±2.12 (13.53)	6.57±0.91 (13.85)
10	118.11±25.96 (21.98)	273.67±30.34 (11.09)	86.22±4.15 (4.81)	13.44±2.07 (15.40)	15.33±2.24 (14.61)	6.85±1.19 (17.37)
20	113.11±31.12 (27.51)	259.67±36.84 (14.19)	86.56±4.80 (5.55)	13.78±3.63 (26.34)	15.89±4.26 (26.81)	6.50±1.71 (26.31)
30	114.11±21.30 (18.67)	282.78±34.81 (12.31)	87.89±5.01 (5.70)	12.78±2.28 (17.84)	14.89±2.57 (17.26)	6.96±1.20 (17.24)
40	122.67±28.69 (23.39)	280.44±29.03 (10.35)	90.00±6.61 (7.34)	13.78±1.72 (12.48)	14.56±2.07 (14.22)	7.04±1.19 (16.90)

注：CV(变异系数)$=SD/M\times100\%$。

二、水分管理方式对芦苇生理生态的影响

水是湿地生态系统中最为重要的环境因子之一。地表水、地下水深浅直接影响湿地植物的生长、发育及分布，因此，水位变化对湿地植物的影响是当今湿地生态学重要的研究内容之一。张希画等(2008)定量研究了湿地芦苇与水位的关系，计算出适宜的水深阈值区间为[-29cm, 49cm]，为黄河三角洲芦苇生长的适宜水位提供了科学依据。张爱勤等(2005)的研究指出芦苇在不同生长时期对水量需求不一；Deegan等(2007)的研究发现，一定程度的水位波动对芦苇生长可能会起到促进作用。邓春暖等(2012)研究发现，在干旱5天后，芦苇叶片光合速率小幅下降，干旱15天后，其光合速率明显下降，芦苇生长受到显著抑制，在干旱20天后，芦苇光合性能指数下降，芦苇几乎不能够正常生长。宁夏湿地芦苇多生长于湖沼、沟渠岸、池塘边、黄河滩地等季节性和非周期性地下水位深度变化较大的浅水地区，因此，弄清宁夏湿地芦苇生长对水位变化的响应机制，对研究区及整个宁夏芦苇湿地的补水、保育以及保障生态恢复具有重要意义。

1. 不同淹水条件对芦苇光合作用的影响

本研究主要采用室内栽培进行水分控制，主要设定了3种不同的淹水条件，即持续淹

水、干湿交替以及土壤水分饱和，选择芦苇光合作用相对最强季节(七月上旬)测定不同淹水条件处理下芦苇的光合作用。在一个晴朗的天气，从上午8:00至下午18:00，每2小时测定一次，但是由于14:00后天气转为多云，测定数据的准确性受到很大影响，本研究未加采用。测定指标主要包括净光合速率(Pn)，蒸腾速率(EVAP)，气孔导度(Gs)，胞间CO_2浓度(Ci)。光合速率是单位时间单位叶面积CO_2净同化率，光合速率越高，植物在光合作用中吸收的CO_2越多，制造的碳水化合物就越多，产量越高。蒸腾速率表示一定时间内单位叶面积蒸腾的水量。气孔导度表示气孔张开的程度，影响光合作用和蒸腾作用。胞间CO_2浓度是指叶片内环境中(细胞)的CO_2浓度，也是影响植物光合作用的重要参数。

(1)不同淹水状态下芦苇的光合作用日变化

图14-3中可以看出，在8:00~14:00这个时间范围内，芦苇光合作用指标Pn、EVAP以及Gs变化趋势一致，且均表现为持续淹水>饱和状态>干湿交替。在3种处理下的光合速率在8:00左右时几乎没有差异，但随着时间变化持续淹水的芦苇的光合强度表现出优势，而胞间CO_2浓度Ci值，其变化规律和前三者刚好相反，这表明了持续淹水状态对芦苇光合作用有着积极作用。另外从图中可以看出，芦苇作为C3植物，具有光合“午休”现象，该现象出现在12:00左右，这与郭晓云等(2003)的研究一致。

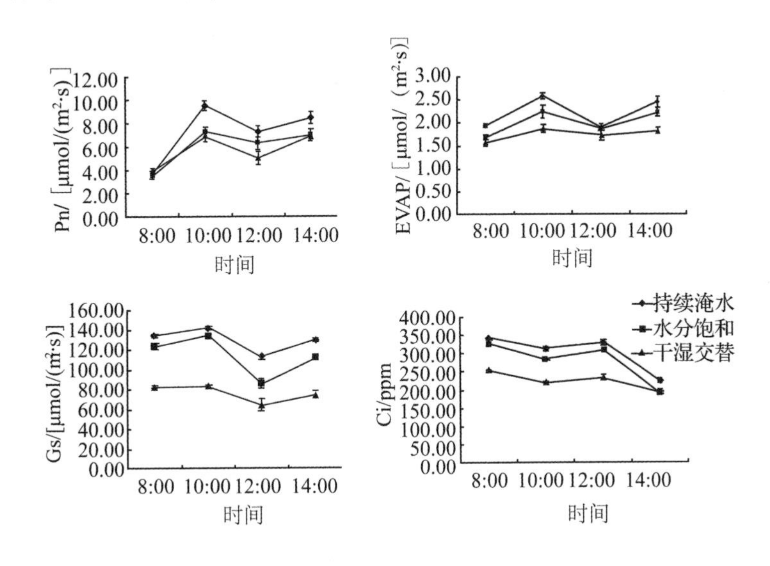

图14-3 芦苇不同时段光合作用指标变化

(2)不同淹水状态下特定时刻芦苇光合作用的相互比较

图14-4是在上午10:00左右对芦苇光合作用的观测，从图中我们可以看出，持续淹水状态下芦苇的光合速率、蒸腾速率、气孔导度、胞间CO_2浓度较饱和水状态及干湿交替均有显著差异，除光合速率表现为：持续淹水>干湿交替>饱和状态，蒸腾速率、气孔导度及胞间CO_2浓度均表现为：持续淹水>饱和状态>干湿交替。这表明持续淹水的状况可以促使芦苇良好生长，继而也表现出较强的光合作用强度。持续淹水状态保证了充足的水分供应，而持续淹水的芦苇气孔导度也在同一时刻最大，因而在同一时刻其蒸腾作用强度也最大，如此也可为植物体降温，保证其他各项生理功能正常进行。

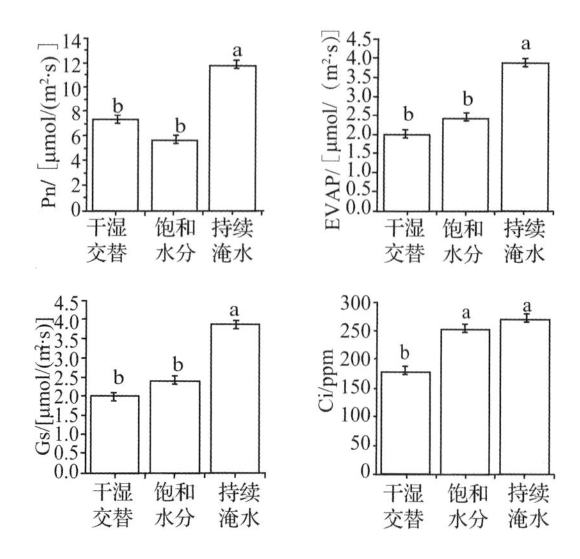

图 14-4　芦苇不同时段光合作用比较

2. 不同淹水条件对芦苇生长的影响

选择芦苇生长最旺盛季(7 月中旬)，统计栽培实验芦苇的各项生长指标，并采用典型取样法取样，测定芦苇地上生物量，具体见图 14-5。

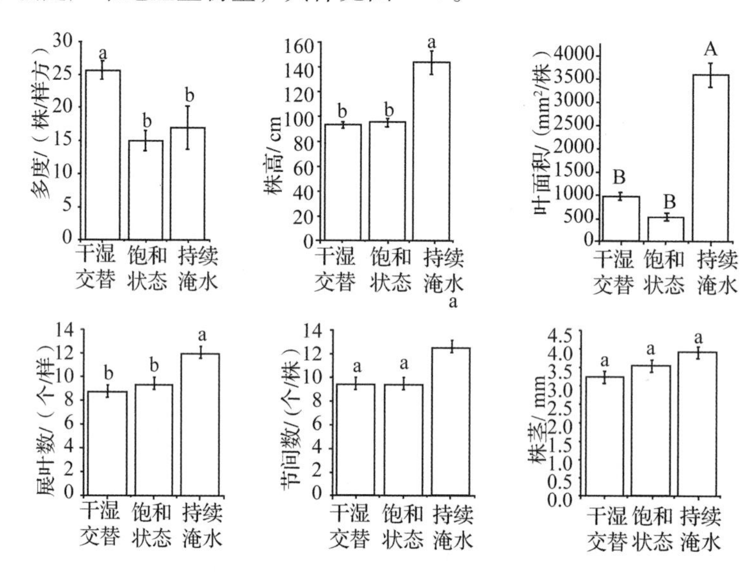

图 14-5　不同淹水状态下芦苇的生长指标

不同淹水状态对芦苇的叶面积、节间数、展叶数、叶面积及株径的影响不完全一致，从图 14-5 中可以看出，干湿交替对芦苇多度的影响与饱和状态及持续淹水均有显著差异，而饱和状态与持续淹水无显著差异，具体为：干湿交替 > 持续淹水 > 饱和状态。出现这种现象的原因可能是由于干湿交替这种不稳定的水淹环境可以促进芦苇的萌发，来维持种群的延续，这与干旱胁迫实验的结果较一致，即干旱胁迫处理后灌水芦苇会萌发出大量新芽；干湿交替对株高和展叶数的影响与持续淹水有显著差异而与饱和淹水无显著差异。饱和状态与持续淹水也有显著差异，具体表现为：持续淹水 > 饱和状态 > 干湿交替。3 种淹水状态对芦苇的叶面积、节间数以及株径的影响均无显著差异，具体为：①叶面积：持续淹水 > 干湿交替 > 饱和状态；②株径、节间数：持续淹水 > 饱和状态 > 干湿交替，这与李冬林等人(2009)研究结果出入颇大。由于实验所设置的淹水状态的水位并不深(约 8cm)，保证了芦苇生长所需的充足水分，所以表现出良好的生长态势。

表 14-3 表明，3 种淹水状态对芦苇的地上生物量均有影响，茎生物量、叶生物量及总生物量以及干重均表现出：持续淹水 > 干湿交替 > 饱和状态，而穗生物量则表现出：持续淹水 > 饱和状态 > 干湿交替，这表明持续淹水可以保证芦苇正常生长发育，干湿交替由于芦苇为了保证种群延续而采用密度增加对策，继而使得其最终的茎生物量、叶生物量及总生物量都要较饱和水状态的大。从各部分占总生物量的比重来看，均表现为茎 > 叶 > 穗，茎仍旧是芦苇地上生物量的主要构成部分。

不同淹水处理下的茎叶比表现为持续淹水 > 干湿交替 > 饱和状态，其中持续淹水与其他两个之间的差异显著，表明淹水环境有效促进了芦苇茎、叶及总生物量的积累并表现出一定的优势。

表 14-3　不同淹水状态对芦苇地上生物量的影响

处理	茎生物量/(g/样方)	叶生物量/(g/样方)	穗生物量/(g/样方)	总生物量/(g/样方)	茎叶比
干湿交替	56.72 ±11.78B	21.37 ±10.72B	7.35 ±2.03B	85.44 ±8.56B	2.64 ±0.02B
	(66.39)	(25.01)	(8.60)	(100)	—
饱和状态	49.83 ±7.60B	19.58 ±1.82B	7.79 ±0.92B	77.20 ±6.05B	2.54 ±0.02B
	(64.55)	(25.36)	(10.09)	(100)	—
持续淹水	132.00 ±22.68A	66.12 ±22.68A	9.78 ±1.36A	207.90 ±18.81A	6.01 ±0.43A
	(63.49)	(31.80)	(4.70)	(100)	—

注：( )表示该部分占总鲜重的比重。

三、讨论与结论

1. 收割去除管理方式

本研究表明，收割处理的芦苇群落生长状况虽然不如火烧后的群落，但要优于自然保留群落，这主要是因为收割后改变了芦苇湿地地表环境，减少了新萌发茎秆的空间阻碍，使之更加容易接受到太阳辐射，吸收更多热量，萌蘖后可以有更多的空间竞争水、气、热等资源，从而使其生长状况要优于保留处理的芦苇，因而收割被视为一项芦苇复壮措施(赵亚杰，2015)。马华等(2013)对上海九段沙湿地芦苇连续 10a 收割区与天然未收割区的芦苇生长特征和生物量进行了比较，发现收割能够显著促进芦苇秆密度的增加，但对芦苇秆高和秆径无显著影响；收割能显著提高芦苇地上生物量，但地下生物量却显著降低，这与 Shamal 等(2007)的研究发现一致。徐明喜(2011)在太湖湖滨进行的两种处理方式(收割移除和保留)下的芦苇生长特征对比显示，收割移出方式下的芦苇高度为 3.27 ±0.12m，是自然保留方式下的 1.19 倍，而芦苇的密度为 43 ±2 株/m^2，比自然保留处理下的下降了近1/4，但两种处理方式下的芦苇的生物量和株径差异性不显著。综上说明，收割与保留两种管理方式下芦苇生长状况变化在不同的湿地有所不同，但若以总生物量来评价，收割地块至少能持平未收割地块，或者显著高于未收割地块。

收割对于动物栖息地的影响方面，虽然多数人认为大规模的芦苇收割会对在其生境中繁殖的鸟类产生严重影响，但具体的实验研究结果却有较大差异。针对珍稀鸟类震旦鸦雀(*Paradoxornis heudei*)的研究也说明该物种筑巢时对微生境中的新旧芦苇都有很强需求(李东来 等，2015)，觅食活动也因为旧芦苇的去除而产生负面影响(熊李虎 等，2007)；但针对太湖国家湿地公园冬季鸟类多样性与芦苇收割关系的研究发现，收割当月的鸟类种类和多样性指标明显降低，但收割后一个月的鸟类种类比收割前一个月不减反超，而且多样性指数和均匀度指数均是3个月中最高的(孙勇 等，2014)，说明芦苇收割对越冬候鸟栖息地的负面影响短暂而微小，收割比不收割更有利于湿地栖息环境构建。

但芦苇收割能够去除湿地系统中的营养盐和其他污染物是毋庸置疑的。徐明喜(2011)发现芦苇收割样地上土壤有效磷含量较之自然保留样地，在上、中、下三层分别减少了25.73%、21.70%和30.23%；刘秋华(2013)采用生长季中后期收割并比较芦苇地上部分植物体的养分含量，发现氮和磷的去除量分别为28.70g/m^{2}和2.01g/m^2。芦苇的收割去除导致的养分含量变化可能还会引起土壤脲酶、碱性磷酸酶等的显著变化，进而可能对下伏土壤结构和性状产生一定影响(徐明喜，2011)。至于芦苇吸收重金属离子和其他有毒有害成分，收割去除有利于降解污染的观点，在污染生态学研究中是基本的共识。

本研究不同留茬处理的结果显示，留茬的高度对芦苇来年生长基本无影响，不支持梁漱玉等(2005)收割破坏冬芽的观点，也初步推翻了调查中利益相关者反映的芦苇收割机齐冰面收割，导致春季灌水后新芽捂死(即缺氧而死)的说法。但因为未开展留茬与水淹关系对比实验研究，有关留茬对芦苇的影响有待更进一步的探讨。收割时段的研究目前也非常少，Shamal 等(2007)的研究倾向于生长季末收割，因为末期收割地下生物量受影响较少，开展收割时段的综合对比也是下一阶段计划开展的工作。

2. 火烧去除管理方式

实验结果显示，火烧处理有利于促进新的生长季芦苇的生长和繁殖，除芦苇退化的反向指标密度外，其他各生长指标均高于其他处理方式，而生物量方面除叶生物量外，茎干重、穗干重和总生物量也是最大的。同时，火烧会引起群落构成发生变化，主要表现在多样性增加，但是这种增加却并没有表现出芦苇种群的衰退。适时火烧，一方面是通过升温使得土壤解冻，同时打破芦苇地下休眠的冬芽，从而较早萌蘖，延长生长期。因此，即便是在同样的水分条件下，火烧处理组生长得更好，也更早进入生殖生长期；另一方面，火烧处理促进了养分归还和分解，保障了新生长季芦苇的养分供给，因而使芦苇较之其他处理方式有生长优势。周道玮等(1995)对松嫩平原羊草草原的火烧实验研究显示，羊草(*Leymus chinensis*)产量早烧地增长，晚烧地下降，伴生的芦苇和寸草(*Carex duriuscula*)也受火烧影响，长势有所提高。

但是在黑龙江扎龙湿地的火烧研究却给出了相反的结论：火烧对季节性积水或常年不积水地段芦苇影响严重，芦苇退化明显，引发了湿地植被的演替发生变化(邵伟庚 等，2012)。舒展(2010)的研究发现火烧和湿地缺水相互之间出现颉颃效应，引起扎龙湿地干旱生境下草本植物的生境、种类、植株数量、植被类型、单位面积生物量和株高等的明显变化，植被生境明显恶化，植物种类减少、植株数量下降、类型单一化，野生芦苇群落单位面积生物量降低。火烧影响结果对立的原因可能因为本研究采用的是春季火烧样地，湿地水分的年内变化在芦苇生长的适宜区间，火烧与温湿度因子相互之间为协同作用的结果。

火烧在北美地区被作为控制芦苇入侵的手段之一。维基百科上对于芦苇种群过火控制方法的介绍中，对照了不同季节过火对芦苇种群的影响。在秋季、春季和夏季等三个不同季节对芦苇进行火烧，夏季过火抑制芦苇种群的效果最好，不但可以降低芦苇地上和地下的生物量，而且可以增加植物的丰富度和均匀度。如果在晚春季节过火以后加灌盐水，则可以明显降低芦苇的高度和密度。如果站在退化芦苇湿地恢复的角度考察，夏季过火和过火后引灌盐水，都是万万不可取的。

芦苇火烧最大的负面效应是对空气质量的影响，在生物资源被浪费的同时造成空气污染和能见度降低，也存在诱发火灾的安全隐患，本研究的部分样地就布设在偶发因素引起火灾的片区上，当时消防车出动才控制了火势。芦苇火烧对于湿地动物的作用既有正面效应，也有负面效应。正面效应主要体现在芦苇火烧是重要的病虫害防疫措施，夏宝池(1988)发现，芦毒蛾(*Laelia coenosa*)种群数量消长的主要影响因子是糙叶苔草(*Carex scabrifolia*)苇田干湿度以及芦毒蛾黑卵峰(*Telenomus laelia*)和寄生菌等，提出赶火烧滩、高湿浅灌等消灭越冬幼虫的措施。杨文成(1995)则提出了以火烧苇墩、消灭菌源、辅以药剂的防治方法来消灭芦苇枯体上的寄生的锈病冬孢子。袁美强(1994)发现对江汉平原血吸虫病采用的“打矮围”、“直底火”措施在消灭传播血吸虫病的钉螺效果良好。但是火烧降低了喜欢在高大草本芦苇上营巢的丹顶鹤(*Grus japonensis*)在深水区筑巢的可能性，只能迁移到过火后的浅水草滩上筑巢(邹红菲 等，2003)，这应当也是大多数湿地水禽和涉禽面临的共性问题。收割在一定程度上提高了芦苇的生物量，同时也可对芦苇进行充分的利用，如造纸、制作饲料等；留茬高度对芦苇来年生长的影响并不大，但是在实际操作过程中除了需要考虑可行性及经济性，也需考虑生态效应，诸如有些鸟类的巢穴建在芦苇丛中，在做收割处理时有必要加以保护。因此建议隔年或者分区块的进行一定留茬的火烧处理，对芦苇资源进行充分利用的同时加以保护。

3. 水分管理方式

文献分析显示，水深 -20~95cm 可能是芦苇生长的适宜水深阈值(见第3章第2节)，因此，本研究设定的持续淹水、干湿交替和饱和水状态，都不存在芦苇的水分胁迫问题。不论从生长状况还是光合指标来看，持续淹水的芦苇均表现出最佳优势，干湿交替与饱和水状态的差异并不显著，表明持续稳定的淹水环境有利于芦苇的生长，但干湿交替并不比饱和状态的芦苇生长更差，这也支持了邓春暖等(2012)提出的干湿依次交替有利于芦苇生长、提高产量的观点，这为芦苇湿地的科学灌水提供了一定依据。如若为了最大化生物量则应当保持芦苇稳定水位；如若只是要保证芦苇正常的生长以体现绿地作用只需要间歇性地灌溉，即满足芦苇在非胁迫下的最小需水量即可，这对于干旱缺水的地区实施节水灌溉具有十分重要的意义。

关于干湿交替频率，李晓宇等(2015)等通过控制试验提出了1、2、4的干湿交替控制频率，并发现8~9月灌水还有利于土壤或淤泥中盐分的去除。但是在野外的湖泊管理中，这种调控实际上很难执行，水资源量更多地是受水管理政策、水工程措施及气候的干湿变化决定，例如在内蒙古河套区的乌梁素海，湖区面积为293km^2，平均水深0.7m，是我国西北地区乃至黄河流域最大的湖泊，也是个典型的浅水型湖泊，其补给来源主要是沟渠退水，山洪水和雨水补给仅占不到10%。1960—2012年的40多年中，前期随着土地开发灌区扩大而补给增加，后期随着排灌配套工程建设补水量渐趋稳定，芦苇植被也随着补水情况的变化经历了扩大到稳定的过程。目前银川平原的湖沼湿地补水导向是一种“拾遗补缺型”，即在保证工农业生产用水的前提下，作为湿地补水的生态用水，在生长季始末才有保障，生长季中不能与生产用水争水。这种补水体制对湿地芦苇群落生长与生态方面的影响还有待于深入研究，但生长季芦苇不及时补水死苗率极高、生长状态严重下降等已是不争的事实。

第15章
土壤条件控制与芦苇群落的生理生态

湿地植被和土壤是承担湿地生态功能的主要基质和载体，相互影响，相互作用。湿地土壤作为湿地生态系统的组成成分之一，直接影响植物的生长发育、种类、数量及形态分布，是湿地植物群落演替的物质基础(张全军 等，2012)。湿地土壤有机碳含量是气候变化的指示物(肖辉林，1999)，氮素则是营养水平的指示物(尹澄清，1995)。银川平原湿地芦苇群落退化现象近年来在经过大规模整修的各级重点湿地表现尤为明显，调查中得到的反馈多集中在湿地水位、水质的恶化方面，基本没有人考虑下伏基质与湿地状态的关系。但是，本研究团队在监测和调查中发现，整修后的芦苇湿地原有的草炭土层和原位土层多被清除，新的湖底土层多为残积的沼泽土或原位的沙土、地带性土壤灰钙土等。为搞清土壤基质与芦苇群落的关系，特选取银川平原湿地修复中常见的土壤进行芦苇栽培控制实验，研究其土壤要素指标、土壤类型特征等与芦苇群落生长和光合性质的关系，以求为湿地芦苇科学修复提供技术支持。

一、土壤环境条件对芦苇群落的生理生态影响

1. 土壤环境要素的主成分分析

从表15-1可知，土壤各环境要素之间具有显著差异性，pH与电导率(DS)、全盐、土壤有机碳(SOC)、全氮(TN)、全磷(TP)、土壤含水量存在极显著负相关关系，相关系数分别达到了-0.76、-0.76、-0.81、-0.88、-0.74和-0.76；与速效氮(AN)存在显著负相关关系，相关系数为-0.51。pH、速效磷(AP)和土壤温度达到了极显著正相关关系，相关系数分别为0.71、0.80。电导率和全盐与土壤有机碳存在极显著正相关关系，相关系数都为0.99；与全氮、速效氮、土壤含水量存在极显著相关关系，相关系数分别为0.93、0.94和0.79；但是与全磷、速效磷的相关性不明显；与土壤温度存在极显著负正

相关关系，相关系数为 -0.92。土壤有机碳与全氮、速效氮、土壤含水量存在极显著的正相关关系，相关系数分别为0.97、0.90、0.76；与土壤温度存在极显著的负相关关系，相关系数为 -0.96。土壤全氮与速效氮、土壤含水量存在极显著正相关关系，相关系数分别为0.77、0.67；与土壤温度存在极显著的负相关关系，相关系数为 -0.97。速效氮与土壤温度呈极显著的负相关关系，相关系数为 -0.82，与土壤含水量呈显著的正相关关系，相关系数为0.68。全磷与速效磷呈极显著正相关关系，相关系数为0.87；与土壤温度呈显著负相关关系，相关系数为 -0.55；与土壤含水量相关性不大。速效磷与土壤含水量呈显著负相关关系，相关系数为 -0.79，与土壤温度相关性不明显。土壤温度与土壤含水量呈显著负相关关系，相关系数为 -0.57。

表 15-1　各土壤环境要素之间的相关矩阵

	pH	电导率/(us/cm)	全盐/(g/kg)	有机碳/(g/kg)	全氮/(g/kg)	速效氧/(mg/kg)	全磷/(g/kg)	速效磷/(mg/kg)	土温/℃	含水量/V%
pH	1.00									
DS/(us/cm)	-0.76**	1.00								
全盐/(g/kg)	-0.76**	1.00	1.00							
SOC/(g/kg)	-0.81**	0.99**	0.99**	1.00						
TN/(g/kg)	-0.88**	0.93**	0.93**	0.97**	1.00					
AN/(mg/kg)	-0.51*	0.94**	0.94**	0.90**	0.77**	1.00				
TP/(g/kg)	-0.74**	0.37	0.37	0.45	0.50	0.15	1.00			
AP/(mg/kg)	0.71**	-0.36	-0.36	-0.37	-0.40	-0.13	0.87**	1.00		
土温/℃	0.80**	-0.92**	-0.93**	-0.96**	-0.97**	-0.82**	-0.55*	0.21	1.00	
含水量/V %	-0.76**	0.79**	0.79**	0.76**	0.67**	0.68*	0.35	-0.79*	-0.57*	1.00

注：** 表示差异显著 $P<0.01$；* 表示差异显著 $P<0.05$，以下同。

对以上土壤因子进行主成分分析，得到特征值。由表15-2可知，前两个主成分的特征值都大于1，说明前两个主成分的影响力度较大。方差累积贡献率为88.3804 %，这表明，前两个主成分已经包含了原变量85%以上的信息，所以取前两个主成分即可。根据特征根计算各变量在第一、第二主成分的载荷，电导率、全盐、土壤有机碳、全氮、速效氮、在第一主分上有很大的因子载荷(绝对值 >0.85)，这些因子主要是促进芦苇生长的环境因子，土壤温度在第一主分上的因子载荷为 -0.9086，所以是限制芦苇生长的环境要素，特征值方差贡献率达到了73.7626 %。pH、速效磷、土壤含水量在第二主分上有较高的因子载荷(绝对值 >0.65)，特征值方差贡献率为14.6178%，pH是限制芦苇生长的环境要素，速效磷、土壤含水量是促进芦苇生长的环境要素。

表 15-2　土壤环境要素特征值及其方差贡献率与因子载荷

	1	2
特征值	7.3763	1.4618
方差/%	73.7626	14.6178
累积和/%	73.7626	88.3804
pH	-0.5531	-0.8075

（续）

	1	2
DS/(μs/cm)	0.9461	0.3108
全盐/(g/kg)	0.9461	0.3111
SOC/(g/kg)	0.9314	0.3623
TN/(g/kg)	0.8581	0.4306
AN/(mg/kg)	0.9664	0.0285
TP/(g/kg)	0.2091	0.6970
AP/ (mg/kg)	0.0455	0.9127
土温/℃	-0.9086	-0.2942
含水量/V%	0.5660	0.6665

2. 土壤养分对芦苇生物量的影响

(1)土壤养分与芦苇生物量的模型拟和

生物量是反映植物生长和生态状况的标志性指标，主要决定于植物种类及其生物学性质，环境要素中的水分、养分和光照等也有很大影响。图 15-1 显示，土壤全盐与芦苇生物量呈线性正相关关系，随着土壤中全盐含量的增加，芦苇的生物量呈增加趋势，相关系数 $R^2=0.9618$，主要原因可能是芦苇属于耐盐植物，土壤含盐量在一定的范围内，不会胁迫芦苇的生长。速效氮与芦苇生物量呈二次非线性关系，随着速效氮的增加，芦苇的生物量也是增加的，$R^2=0.9571$，说明速效氮对芦苇的生物量影响很大，决定了芦苇最终产量的高低。土壤有机碳与芦苇生物量呈线性正相关关系，随着土壤有机碳的增加，芦苇的生物量是增加的，相关系数 $R^2=0.9284$。全氮与芦苇生物量呈二次非线性相关关系，相关系数 $R^2=0.8883$。以上几个环境因子为第一主分上因子载荷较大的土壤环境因子，对芦苇生物量的影响很大，与芦苇生物量呈极显著的正相关关系。速效磷、土壤含水量和 pH 是第二主成分上因子载荷较大的土壤环境要素；速效磷与芦苇的生物量呈极显著的正相关关系，随着速效磷的增加，芦苇的生物量也增加，相关系数 $R^2=0.9777$。土壤含水量与芦苇

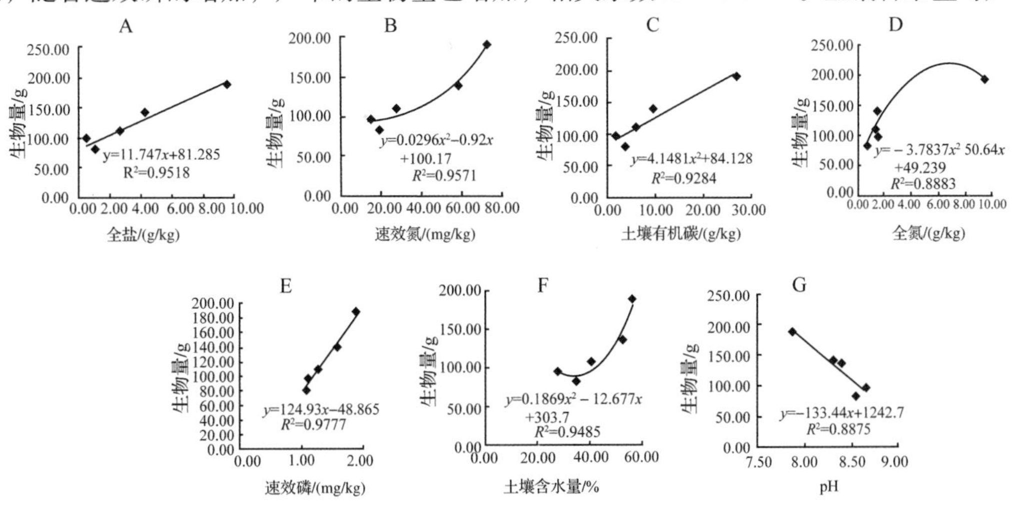

图 15-1 各环境要素与芦苇生物量的线性及非线性拟合

生物量呈二次非线性相关关系，相关系数 $R^2=0.9485$。pH 与芦苇生物量呈极显著的负相关关系，随着 pH 的增加，芦苇的生物量则减少，说明 pH 是限制芦苇生长的土壤环境因子。

(2)主要土壤因子与芦苇生物量的通径分析

表 15-3 为芦苇生物量与土壤各理化性质的通径分析，结果表明：pH 与芦苇生物量呈极显著负相关($R^2=-0.931$，$P<0.01$)；全氮、速效氮、土壤含水量与芦苇生物量呈极显著正相关，相关系数分别为 $R^2=0.991$，$R^2=0.856$，$R^2=0.801$，$P<0.01$。各土壤因子对芦苇生物量的直接通径系数大小顺序为全氮 > 土壤含水量 > pH > 速效氮。虽然 pH 通过全氮、速效氮、土壤含水量对生物量的间接作用都为正值，但由于 pH 对生物量的直接通径作用为负，且值较这些间接作用大，因此没有影响 pH 与生物量呈极显著负相关。速效氮通过全氮对芦苇生物量的影响为负，但是通过 pH 和含水量对芦苇生物量的间接通径作用远比速效氮的直接作用和通过全氮的间接作用大，因此，速效氮与芦苇生物量呈极显著正相关。各土壤因子的决策系数的大小顺序为：全氮 > 土壤含水量 > pH > 速效氮。可见，影响芦苇生物量的主要因素为土壤全氮和土壤含水量，速效氮和 pH 为限制因子。

表 15-3　土壤因子与芦苇生物量的通径系数

土壤因子	直接通径系数	间接通径系数				相关系数	决策系数
		pH	全氮/(g/kg)	速效氮/(mg/kg)	含水量/V%		
pH	-0.087		0.079	0.073	0.065	-0.931**	0.154
全氮/(g/kg)	0.808	-0.735		0.064	0.579	0.991**	0.362
速效氮/(mg/kg)	-0.091	0.077	-0.072		0.089	0.856**	-0.164
含水量/V%	0.245	0.187	0.175	0.239		0.801**	0.332

为了深入探讨上述哪个土壤因子是影响芦苇生物量主要的因子，将上述各因子与芦苇生物量进一步作逐步回归分析进行探讨，最终得到回归方程 $y=10.072x_1+0.687x_2+57.120$($x_1$ 为全氮，x_2 为土壤含水量，$R^2=1.000$，$P<0.05$)。因此，土壤全氮和土壤含水量是影响芦苇生物量最为重要的因子。

3. 土壤环境与芦苇的光合能力

(1)土壤环境指标与芦苇光合速率的相关分析

本研究测定了芦苇旺盛生长期的光合生理指标。由土壤各环境指标与芦苇光合速率的相关分析(表 15-4)可知；各土壤环境因子与芦苇光合速率的相关性较为密切，速效氮与芦苇净光合速率呈显著正相关；速效磷与净光合速率在 8: 00 和 12: 00 时呈极显著正相关，在 10: 00 和 14: 00 时呈显著正相关；土壤含水量与芦苇净光合速率的任何时间段都呈显著正相关，这与古丽娜尔・哈里别克(2012)的研究结果一致。pH 与芦苇净光合速率在 8: 00 时呈极显著负相关，与其他时段呈负相关，但相关性不明显；全盐、有机碳、全氮与芦苇净光合速率在 8: 00 时都呈极显著正相关，与其他时间段呈显著相关。大量研究表明，芦苇的光合作用日变化呈双峰曲线(李萍萍 等，2005；邓春暖 等，2012；郭晓云 等，2003)，本研究由于天气原因，光合作用只测到下午 14: 00，但是这一时间段已经反映出单峰曲线变化。芦苇的净光合速率从 8: 00 开始逐渐增加，到 10: 00 左右达到最大值，随后净光合速率开始有所下降，在中午 12: 00 降到最低值，出现所谓的光合“午休”现象；之后又开始缓慢上升。土壤各环境因子中，除 pH 对芦苇的光合作用具有限制作用外，其他环境因素都具有促进作用。

表 15-4 土壤各环境指标与芦苇光合速率的相关关系

	速效氮/(mg/kg)	速效磷/(mg/kg)	含水量/V	pH	全盐/(g/kg)	有机碳/(g/kg)	全氮/(g/kg)	8:00	10:00	12:00	14:00
速效氮/(mg/kg)	1										
速效磷/(mg/kg)	0.988**	1									
含水量/V%	0.974**	0.946*	1								
pH	-0.496	0.637*	-0.726**	1							
全盐/(g/kg)	0.944*	0.97**	0.904*	-0.754**	1						
有机碳/(g/kg)	0.884**	-0.322	0.703**	-0.805**	0.984**	1					
全氮/(g/kg)	0.765**	-0.378	0.631*	-0.867**	0.923**	0.957**	1				
8:00	0.949*	0.962**	0.913*	-0.742**	0.994**	0.987**	0.913**	1			
10:00	0.894*	0.92*	0.912*	-0.576	0.894*	0.840*	0.724*	0.859	1		
12:00	0.937*	0.973**	0.892*	-0.562	0.933*	0.895*	0.815*	0.901*	0.958*	1	
14:00	0.931*	0.936*	0.939*	-0.409	0.860*	0.791*	0.647	0.834	0.973**	0.96**	1

(2)主要土壤因子对芦苇净光合速率的通径分析

将芦苇净光合速率 Pn 与土壤因子进行通径分析(表 15-5)，结果表明：全磷、速磷与 Pn 分别呈不显著正相关和不显著负相关；土壤温度与 Pn 呈显著负相关($R^2=-0.660$，$P<0.05$)；土壤含水量与 Pn 呈显著正相关($R^2=0.883$，$P<0.05$)。土壤各因子对 Pn 的直接通径系数大小为：土壤含水量 > 速效磷 > 土壤温度 > 全磷。虽然全磷对 Pn 的直接作用为负，但通过速效磷和土壤温度对 Pn 的间接作用都为正值，因此，使得全磷与 Pn 呈不显著正相关；虽然速效磷对 Pn 的直接通径作用较大，但是速效磷通过全磷和土壤含水量对 Pn 的间接作用都为负，从而使得速效磷与 Pn 的呈不显著负相关。土壤各因子的决策系数为土壤含水量 > 土壤温度 > 全磷 > 速效磷。由此可知，影响芦苇净光合速率的决定因子为土壤含水量和土壤温度，全磷和速效磷为限制因子。

同样，为了探讨影响 Pn 的最主要因子，将上述各土壤因子与 Pn 进行逐步回归分析，最终得到回归方程为 $y=0.930x_1+0.272x_2-28.875$($x_1$ 为土壤温度，x_2 为土壤含水量；$R^2=0.997$，$P<0.05$)。可见，土壤温度和土壤含水量是影响芦苇净光合速率最重要的因素。

表 15-5　芦苇净光合速率与土壤因子的通径系数

土壤因子	直接通径系数	间接通径系数				相关系数	决策系数
		全磷/(g/kg)	速效磷/(mg/kg)	土温/℃	含水量/V%		
全磷/(g/kg)	-0.427		0.158	0.237	-0.149	0.046	-0.222
速效磷/(mg/kg)	0.222	-0.082		0.046	-0.176	-0.485	-0.265
土壤温度/℃	-0.378	-0.209	-0.775		0.214	-0.660*	0.356
含水量/V%	0.994	0.347	-0.788	-0.564		0.883*	0.767

二、不同土壤类型下芦苇群落的生理生态特征

1. 不同类型实验土壤的理化性质

本研究的栽培实验主要选取了 5 种土壤类型，包括原位土、沼泽土、灰钙土、草炭土、沙土等。原位土是银川市南七子连湖水陆交界带生长芦苇的土壤，也是本试验全部芦苇根茎采挖处的土壤，相当于潮土，属于河湖边缘干湿交替环境下发育的土壤。沼泽土是发育于长期积水并生长喜湿植物的低洼地土壤。灰钙土是暖温带荒漠草原区弱淋溶的干旱土。草炭土是一种特殊的腐殖质土，它是由地表沼泽环境中的植物遗体，经氧化和部分分解作用而堆积的高孔隙比、高含水量、高透水性、高有机质的特殊土(张峰举 等，2010)，本实验的草炭土是芦苇的须根系残体在土壤中积累而成，有机质成分高达 70% 以上。沙土采于黄河滩地，属于水沙土，土壤通气性好、透水性强，保水性差，营养物质、有机物质及部分无机物质贫乏(佴磊 等，2012)。测定不同土壤的理化性质，结果见表 15-6。可以看出，速效氮和全盐的含量大小顺序为草炭土 > 沼泽土 > 原位土 > 水沙土 > 灰钙土，速效氮值达到了(71.93 ±0.67)mg/kg；土壤含水量的大小顺序为草炭土 > 原位土 > 沼泽土 > 水沙土 > 灰钙土，从这几个指标我们可以看出，草炭土的值是最大的，灰钙土的值是最小的。土壤 pH 的大小为沼泽土 > 灰钙土 > 水沙土 > 原位土 > 草炭土，土壤温度的大小为原位土 > 灰钙土 > 水沙土 > 沼泽土 > 草炭土，土壤 pH 和土壤温度的值是都是草炭土的值最小。

表 15-6　不同土壤类型的理化性质

土壤理化性质	原位土	沼泽土	灰钙土	草炭土	水沙土
pH	8.30 ±0.019	8.64 ±0.015	8.53 ±0.007	7.86 ±0.015	8.39 ±0.006
DS/(us/cm)	1051.33 ±3.18	1781 ±48.03	183.67 ±1.2	3963.33 ±4.41	402.33 ±1.2
全盐/(g/kg)	2.57 ±0.007	4.29 ±0.11	0.53 ±0.003	9.44 ±0.012	1.05 ±0.003
SOC/(g/kg)	5.85 ±0.79	9.54 ±0.21	1.95 ±0.63	26.55 ±1.76	3.32 ±0.16
全氮/(g/kg)	1.37 ±0.026	1.55 ±0.046	1.48 ±0.035	9.43 ±0.48	0.64 ±0.32
速效氮/(mg/kg)	27.36 ±0.27	57.68 ±3.95	14.47 ±0.24	71.93 ±0.67	18.88 ±0.36
全磷/(g/kg)	5.26 ±0.19	3.05 ±0.05	3.89 ±0.13	9.24 ±0.11	9.32 ±0.07
速磷/(mg/kg)	0.76 ±0.035	1.18 ±0.08	1.11 ±0.06	0.87 ±0.035	1.07 ±0.038
土壤温度/℃	26.13 ±0.064	25.72 ±0.064	25.97 ±0.04	24.53 ±0.22	25.85 ±0.057
含水量/V%	52.27 ±3.86	40.64 ±0.57	27.86 ±1.18	56.39 ±1.85	34.92 ±1.01

2. 不同土壤类型下芦苇生理生态特征的变化

将不同土壤类型特征与芦苇各生长生态特征用SPSS 17.0进行单因素方差分析，并进行最小显著差数法(LSD法)多重比较，结果见表15-7。由表可知，不同土壤类型下芦苇的多度排序为原位土>草炭土>沼泽土>灰钙土>水沙土，原位土的多度与草炭土的多度没有差异($P=0.202$)，而与沼泽土、灰钙土、沙土的多度都有差异($P=0.011$，0.007，0.000)。不同土壤类型下芦苇的株高排序为草炭土>原位土>沼泽土>灰钙土>水沙土，草炭土的芦苇株高与其他4种土壤的芦苇株高差异十分显著($P=0.000$)。

表15-7 不同土壤类型的芦苇的生态特征变化

土壤类型	多度/株	株高/cm	展叶数/片	节间数/节	叶面积	株径/mm	生物量
沼泽土	21±0.58ab	84.67±2.96c	10.33±1.20a	10.33±1.20a	3518.5±123.87b	3.71±0.14a	1.83±0.38b
水沙土	11±1.2c	77.33±1.76c	10±1.00a	11.33±0.88a	2483.6±9.20c	2.85±0.16b	1.27±0.26b
灰钙土	20±1.76b	76.33±4.10c	11.33±1.33a	12.67±1.20a	145.57±18.74e	2.67±0.27b	1.35±0.19b
原位土	31±1.45a	97±1.52b	8.67±1.20a	11.33±1.33a	1638.87±49.08d	3.63±0.045a	1.75±0.16b
草炭土	27±5.00a	151±1.53a	10.33±0.33a	12.33±0.48a	10576.33±198.32a	4.36±0.04a	3.49±0.53a

不同土壤类型对芦苇的展叶数和节间数影响不大，芦苇的展叶数和节间数差异也不显著($P>0.05$)，说明芦苇的展叶数和节间数是生态可塑性较小的生长特征，环境的变化对其影响较小。展叶数为灰钙土>草炭土>沼泽土>水沙土>原位土，节间数为灰钙土>草炭土>沼泽土>水沙土>原位土，芦苇的展叶数总是随着芦苇节间的变化而变化的，一个节对应一片叶子。

不同土壤类型对芦苇叶面积的影响显著，不同土壤类型下的芦苇叶面积为草炭土>沼泽土 >水沙土 >原位土 >灰钙土，不同土壤类型之间的芦苇叶面积都存在极显著差异($P=0.000$)。

不同土壤类型对芦苇的株径有影响，大小顺序为草炭土>沼泽土 >原位土 >灰钙土 >沙土 ，草炭土的芦苇株径与原位土和沼泽土之间差异不显著($P>0.05$)，与水沙土和灰钙土差异显著($P<0.003$)。不同土壤类型下芦苇的生物量为草炭土>沼泽土>原位土>灰钙土>水沙土，草炭土的生物量与其他土壤类型的生物量都有差异，沼泽土、原位土、灰钙土、水沙土的生物量之间没有明显差异。

3. 不同土壤类型下芦苇光合参数的变化特征

光合作用决定了植物生产力的高低，同时是对环境条件变化很敏感的生理过程(王勇等，2009)。大量研究表明在芦苇叶片光合作用参数中，芦苇叶片的净光合速率的日变化均为双峰曲线(张征坤，2012；李萍苹 等，2005；邓春暖 等，2012)。本研究由于天气原因只测量了从早上8:00到下午14:00的芦苇光合作用(图15-2)。由图可知，不同土壤类型的芦苇光合参数净光合速率(Pn)、气孔导度(Gs)、叶片蒸腾速率(Tr)的变化趋势相似，都是从8:00开始逐渐增加，在10:00左右达到一个峰值，随后开始稍有下降，在12:00出现“午休”现象，5种土壤类型的光合参数值Pn、Gs、Tr都有所下降，随后又开始逐渐上升。细胞间隙CO_2浓度Ci在五种土壤类型中变化基本一致，但与Pn和Gs及Tr的变化呈相反的趋势，从8:00开始是逐渐下降的，到10:00后又开始稍有上升，到12:00达到最大值，随后又开始下降。5 种不同土壤类型下的芦苇叶片光合参数值 Pn、Gs、Tr 随时间的变化值的大小均表现为草炭土 > 沼泽土 > 原位土 > 灰钙土 > 水沙土。只有 Tr 在 12: 00 左右时的大小顺序不一致，表现为沼泽土 > 草炭土 > 原位土 > 灰钙土 > 沙土。这与不同土壤类型在该时间段的 Pn、Gs、Ci 的大小有所差异，主要原因可能是因为芦苇叶片的气孔关闭所致。

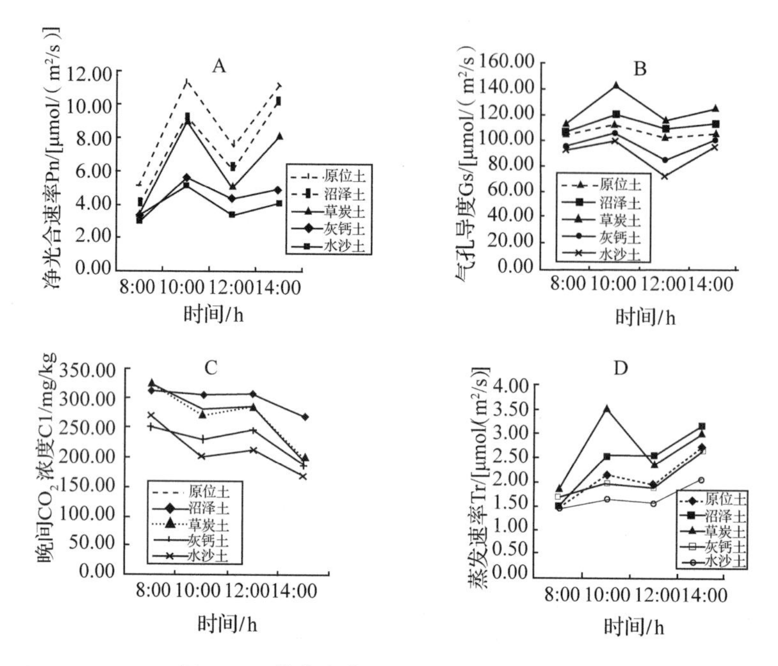

图 15-2　芦苇光合作用随时间的变化情况

气孔是植物叶片与外界进行气体交换的通道，其闭合程度对光合作用与蒸腾作用有直接影响(郭晓云 等，2003)，有研究表明，气孔导度对芦苇的蒸腾速率有重大影响，中午芦苇蒸腾速率下降，发生所谓的“午休”现象(Gallopin G C，1995)。段晓男等(2004)认为气孔导度和蒸腾速率的相关性要比与光合速率的相关性大，主要是光合、蒸腾两个过程的机制是不同的。蒸腾是由气孔控制，与叶肉和大气饱和差相关联的简单扩散过程，而光合则是一个物理、电化学及生化反应的复杂过程，光合过程除了气孔影响外，还受叶肉限制、光合电子传递、边界层阻力等因素的影响。

三、讨论与结论

1. 影响芦苇群落的环境因素

通过栽培试验研究不同土壤环境要素和土壤类型对芦苇生物量及光合生理生态的影响。对各土壤要素的相关分析表明，土壤 pH 与电导率、全盐、土壤有机碳、全氮、全磷、土壤含水量、速效氮存在极显著或显著的负相关关系，与速效磷和土壤温度存在极显著正相关关系，其他各环境要素之间的相关性也较显著。将各环境要素进行主成分分析发现，由土壤电导率、全盐、土壤有机碳、全氮、速效氮、土壤温度组成的第一主成分和由 pH、速效磷、土壤含水量组成的第二主成分，均有很大的因子载荷，特征值 > 1，方差累积贡献率为88.3804%。在这些因子中，土壤温度和pH的载荷因子为负值，是限制芦苇生长的环境要素；其他各要素——土壤电导率、全盐、土壤有机碳、全氮、速效氮、速效磷、土壤含水量等都是促进芦苇生长的环境要素。

2. 影响芦苇生物量的环境因素

将主成分上具有较大因子载荷的土壤环境要素与芦苇生物量进行线性或非线性拟合，结果发现，只有pH与芦苇生物量呈负相关，随着pH的增大，芦苇的生物量是减少的。包括全盐、土壤有机碳、全氮、速效氮、土壤温度、速效磷、土壤含水量等其他主成分与芦苇的生物量都呈正相关，各要素含量的增加会促进芦苇生物量的增加。各养分因素和土壤水分有利于芦苇生物量积累是比较公认的(见第3章)，但是土壤盐分与生物量之间有人发现是负相关(杨帆，2006)，这可能与芦苇的盐分胁迫阈值有关，作为公认的水生盐生植物，在其阈值内的盐分增加可能伴随着养分的积累，生物量可能不减反增。

芦苇生物量与土壤各理化性质的通径分析显示，几个主要土壤因素的决策系数的大小顺序为全氮 > 土壤含水量 > pH > 速效氮，可见，影响芦苇生物量的主要因素为土壤全氮和土壤含水量，为正向作用；其次为pH和速效氮，为限制因子(这与野外原位实验的结果不尽相同)。

3. 影响芦苇光合能力的环境因素

土壤各环境要素与芦苇净光合速率的相关性分析发现，土壤含水量与芦苇净光合速率呈显著正相关；pH与芦苇净光合速率呈负相关；速效氮与芦苇净光合速率呈显著正相关；速效磷、全盐、有机碳、全氮与芦苇净光合速率呈显著或极显著正相关。通径分析确定了土壤各因子的决策系数为土壤含水量 > 土壤温度 > 全磷 > 速效磷，显示影响芦苇净光合速率的决定因子为土壤含水量和土壤温度，全磷和速效磷为限制因子。

光合作用是一个十分复杂的过程，很容易受环境因子及自身特性所影响。土壤环境中N、P的含量之间影响了植株体内N、P含量，N和P是叶绿素的组分及叶绿体的组成成分，其中N与叶绿素含量、叶绿体发育及光合酶活性的关系都非常大，对光合作用的影响十分显著(武巘纬，2003)。在湿地生态系统中，土壤N、P易失衡，导致对光合作用的影响出现差异(刘卫国 等，2014)。Wassen等(2009)、Koerselman和Meuleman(1995)通过对湿地植被施肥试验发现判断元素限制的N:P阈值为：N:P < 14时N是限制因子，N:P > 16则P是限制性因子。因此，土壤中的N、P含量关系可能间接影响了芦苇的光合作用。

4. 湿地恢复中土壤类型对芦苇生理生态的影响

原位土、草炭土、沼泽土、水沙土和灰钙土是银川平原湿地恢复中常见的土壤类型，在不同的土壤下栽培芦苇的多度、株高、叶面积、株径、生物量存在明显差异，其中株高、叶面积、株径、生物量这几个生长特征都是草炭土的值最大，灰钙土或水沙土的值最小。株高、株径、生物量是衡量芦苇长势的重要表型特征；叶面积的大小对光合作用有直接影响，进而影响了芦苇的生物量；不同土壤的节间数和展叶数没有显著差异，主要是因为这两个特征指标的生态可塑性较小，土壤的变化对其影响不大。将土壤因子与芦苇生物量进行通径分析及逐步回归分析发现，土壤全氮、土壤含水量是决定芦苇生物量的最重要因素。这与杨帆等(2006)的研究结果相同。草炭土的土壤养分含量最高且孔隙度大，含水量高，实测样品的饱和含水量可达391.9%，表明其保水能力特别强；而水沙土是贫营养且保水性差的土壤；灰钙土是荒漠草原区的干旱土，其土壤性质不适合芦苇的生长。因此，草炭土是最适合芦苇生长的土壤类型，原位土和沼泽土其次。

芦苇属于典型的C3植物，不同土壤条件下芦苇的光合作用有所差异，但总体上来看具有一定的规律性，几乎都在同一时间出现峰值或最小值，并且净光合速率Pn、气孔导度Gs、蒸腾速率Tr的变化趋势在时间上是一致的，细胞间隙CO_2浓度Ci的变化与Pn、Gs、Tr呈反比例，各光合参数值都为草炭土的值最大。与陈歆等(2005)对北固山湿地芦苇的研究结果一致。但是不同土壤类型的芦苇光合作用各参数值的大小不一，但各参数都为草炭土和沼泽土居于前两位。

第16章 银川平原湿地芦苇退化及修复

从调查和监测结果来看，银川平原芦苇群落退化已呈现出日益加重的态势，弄清退化原因并制定恢复和保护措施对于当地芦苇资源的保护利用以及生态建设都有着极为重要的作用。

一、芦苇群落退化原因分析

1. 生境变化是湿地芦苇群落退化的直接原因

尽管芦苇属于抗逆性、适生性都非常强的密丛型根茎草本植物，具有特殊的无性繁殖方式和很强的分蘖能力，因而增殖能力和可塑性都很强，保障了其在水分和热量条件发生较大变化的情况下维持生存的可能性，如目前我们的研究表明，宁夏湿地芦苇群落的水分适宜幅度可达 -0.6~1.5m，这是一般植物很难企及的。但尽管如此，芦苇随生境变化也不可避免地产生一些生态学特征上的变异，突出表现在芦苇生活力、繁殖力下降，多度、密度、高度、株径、叶面积、叶间与展叶数等生态、生物学特征都发生程度不同的变化等方面。

自然条件下的环境变化导致的湿地芦苇群落生境变化其幅度是比较有限的，例如2013年清明节后的几次霜冻，均出现一定程度的萌发芦芽死亡情形，疑与此有关，但很快有更多的芦芽萌发，至5、6月份，芦苇的替代生长已在很大程度上消除了气候异常带来的影响。但是人为活动对湿地芦苇群落产生的影响周期长、强度大，物种往往只能靠自身的变异性来适应环境的变化。

2. 人为活动造成的生境变化是湿地芦苇群落退化的根本原因

近年来，银川平原地区进入快速城镇化阶段，城乡一体化和农村生态环境综合整治工作也在如火如荼地开展，虽然这是社会经济发展的必然过程，但是大规模的基础设施和城乡建设，势必占用相当面积的水域和湿地，并对水土环境造成极大扰动，湿地芦苇生长发育所需的相对稳定环境被严重破坏。如宝湖湿地周边的房地产开发过程中，需要进行基坑降水，湖中的湿生芦苇因水供给基本保障尚未有很大的变化，但岸坡上的湿生芦苇群落则严重退化，因供水不足，春夏季节出现芦芽和幼苗风干现象。建设活动还导致芦苇群落生境片断化、破碎化，即使水位水质没有发生明显变化，但这种情形下芦苇群落往往出现明显的退化，疑与生境中物质能量交流途径变化有关。尽管前述研究显示芦苇秋冬季收割对芦苇生长繁殖是有利的，但春夏季节一些养殖户收割芦苇幼茎，导致芦苇生理和群落生态特性发生一些变化，即原来茎秆高大笔直的“铁杆芦苇”群落几年后变成“毛苇”状群落，旺盛生长期收割可能是直接原因。

渔业生产和旅游活动对湿地芦苇群落的扰动也不可小觑。本研究团队 2011 年初在银川市域 8 个湖沼湿地共计布设了 16 个固定监测样地，当年即因为开发活动毁掉了 3 个。2012 年还有 11 个，到 2013 年只剩下 9 个，年底还剩下 7 个。16 个固定样地中有 5 个毁于开挖鱼塘和休闲渔业，其余毁于人工绿化建植或开发活动等造成的水环境变化。实际上，银川平原的鱼塘多为原有湖沼湿地开挖后地下水渗出和沟渠引水形成，渔业生产与湿地保护如何平衡关系的问题非常突出。休闲渔业近年来已经成为银川平原地区最重要的休闲生活模式，消费人群已达到 500 万 ~ 600 万人次（邓鑫 等，2013），但在开放水域垂钓，也对芦苇群落造成一定破坏，如踏实地面、压倒芦苇整修钓台、采摘嫩叶、乱扔垃圾造成生境污染，等等。

3. 管护和利用方式不合理造成芦苇群落越保护越退化的恶性循环

芦苇群落是典型水生植被中的挺水植物群落，在陆生植被构成中则比较复杂，有湿生芦苇、旱苇、沙苇之分。其分布的水域为沼泽，标志着湖泊水域变浅（一般水位在 2m 以内）、正在往陆地演变，一直到地下水位较浅的陆地湿生环境（地下水埋深一般在 1m 以内），均有湿地芦苇群落分布。

银川平原的湖沼湿地多为渠道渗水、滩地与丘间地积水、沟渠尾间退水形成，多为浅水草型湖泊，非常适宜芦苇生长发育，但随着芦苇残体和泥沙的积累，湖底抬升，即使没有人为的疏干排水，湿地芦苇在逐渐蔓延到全部湖区以后，随着水位由正及负，成为地下水较浅的草甸芦苇，逐渐衰退。基于对这一点的共识和近年来湿地恢复工程中追求大湖面、大水面的倾向，宁夏湿地恢复和建设中挖湖现象盛行。有的湿地整治属于浅掏清淤；有的恢复工程则将湖底掏深数米至生土层，相当于开挖新湖；还有的湖泊整修时铺上防渗层，基本隔绝了层下芦苇繁殖体萌发的可能性。上述湿地恢复和建设方式对湿地生态系统构成程度不同的危害，不可避免地出现湿地芦苇群落越整治越退化的局面。

虽然在湿地整治的同时也采取一些芦苇湿地保护行动，如保留芦苇生境岛、保留根茎和根系层、人工引进和栽培芦苇等等，但是整修过程中疏干排水等人工措施，打破了芦苇的正常生理，使群落进入退化阶段，尽管后期恢复了较好的生境，但芦苇群落需要更长的时间才能重新焕发生机。而人工引栽的芦苇在新的生境中定居下来以后，需要随着水土环境的逐渐变化，通过遗传变异逐渐适应，逐渐达到一种系统平衡状态，短期内也不可能有真正意义上的恢复，阅海湿地芦苇退化即是如此。

4. 管理与经营方式的人为性也是湿地芦苇群落退化的重要原因

湿地芦苇群落传统意义上的利用方式是牧草场和建材业，人们对其管理和经营方式过于粗放，要么置之不管，要么放火烧荒，而且随时随地随需求加以利用。随着湿地保护工作的推进，目前宁夏芦苇湿地基本都有了一定的管护单位，资源利用也提上议事日程。

芦苇作为造纸纤维整片刈割后出售，是目前银川平原及其周边地区最主要的芦苇利用方式。尽管近年来芦苇价格低迷而人工和机械费用又大大提升，芦苇采收效益不显著，但多数管护单位从防火角度考虑依旧例行收割。春季过火烧荒的芦苇管理方式近年来大大减少，只有个别农户在自家鱼湖采用，有的城市小公园职工为减少工作量也私自采用。放鱼控草、春季湖沼补水等是近年来兴起的湖沼经济管理措施，调查中对此多有好评，但也不乏诟病。

本研究的留茬实验表明，无论是水生芦苇还是陆生湿生芦苇，机械刈割高度对其生长都没有显著影响。以陆生湿地芦苇为例进行的土壤温湿监测则显示，表层土壤水分含量与芦苇群落的发芽率没有显著关系。春季过火可以显著提高表层土温，有利于打破休眠促进萌发，灌水则降低土温抑制萌发。但是过火过早会增加新芽冻害致死率；过火过晚则使新芽烤干枯死，何时过火和过火量大小等还需要开展科学的分区实验才能确定。可以肯定的是春季补水和加放草鱼控草的措施给水生芦苇带来更大风险。芦苇群落浅表根系和底泥中的横走根茎之间存在厚薄不一的草炭层，从野外采样中发现在沙湖、鹤泉湖、清水湖等长年未整修河湖中厚达80~100cm，水浅时草炭层相对致密，较大的鱼群不易进入，反而是鱼苗的乐园；水深时草炭层浮起，成鱼易于游入并大量啃食幼嫩根茎，致使芦苇萌发受到一定影响，芦苇群落还会因丧失固着而被漂浮冲走，并因生境变异而退化。

二、退化芦苇湿地恢复思路

1. 湿地植被恢复需遵循自然规律

所有的自然生态系统的恢复，总是以植被恢复为前提的。芦苇是银川平原湿地的优势种和建群种，在湿地生态中发挥着无可替代的作用。芦苇种植已然成为当地湿地保护和恢复中的重要措施之一，多应用于湿地公园建设和城镇湿地景观建设中。芦苇种植通常采用的都是根茎移栽法，本研究的栽培实验也采用该方法，这样种植的芦苇易成活，生境配置和品种选择合适的话，芦苇也可以在短短的几年中分蘖抽茎，达到郁闭。本研究的结果表明，研究区湿地植物种间关系松散，但是优势种分化明显，芦苇与群落内其他植物种间关系各有不同，对水分有其要求(体积含水量约60%)，但芦苇始终表现出在当地湿地植物中的绝对优势地位。根据本研究，在芦苇建植时，应当考虑到物种搭配，如芦苇不宜与香蒲和水葱混合种植，但在浅水区可与薄荷、千屈菜等配合造景。另外，芦苇既可以根茎移栽种植，也可实生苗种植，一定程度上根茎繁殖具有优势，但均不宜在较深的水域操作，水深大约以20~30cm为宜，土壤水分至少达到饱和状态。

栽植时需考虑到芦苇品种或生态型，如将矮细密集低产型或高细密集高产型(张玉峰，2012)芦苇栽植到深水区域，则很难定居存活下来，因此栽培时需考虑不同品种或者生态型芦苇对环境适宜状况来进行。多数湖泊湿地整修时可以采用分期分批施工(如条带状或同心圆状施工)，将原有芦苇群落的草炭层和根茎层底泥移位保留。芦苇草炭有很强的保水能力，实测表明其持水力可达391.9%，草炭土上芦苇的光合强度也高于非草炭土，用原产草炭土和底泥恢复湿地芦苇群落的过程相对快捷有效，可以达到湿地芦苇群落“以自然之力”恢复的效果。

2. 保持芦苇群落生态环境的相对稳定性

生态环境稳定性是生态系统稳定性的基础，稳定性是相对的，不稳定性是绝对的，不稳定性是在自然因子和人文因子综合作用下形成的(钟诚 等，2005)。在干旱半干旱地区，生态系统脆弱，对各种外界因素的响应敏感，因而生态系统有着很大的不稳定性，保护绿洲景观的多样性和异质性，是保持绿洲体系稳定性和可持续性的基础(CHENG Guodong, *et al*, 2000)。

湿地作为水陆界面的生态系统，是银川平原绿洲生态的核心，必须尽可能地维护绿洲生态环境的相对稳定性和多样性，这是保护湿地的需要，更是保护绿洲的需求。芦苇的生长需要环境年际变化相对稳定的条件，但从现状来看，过度的人类活动干扰较为普遍，最大限度地消除对湿地生态环境的人为破坏和干扰，是实现银川平原湿地芦苇复壮与群落恢复的关键。为此，要针对宁夏各湿地的功能作用确定芦苇保护区点。针对重点保护区点以维持生态系统稳定性为中心，建立保护地和缓冲区，禁绝人为生产、生活活动干扰，采取有效合理的管护经营措施加以保护。与此同时，还要适当构建多样化、异质性强的小生境，另外，芦苇虽然是银川平原湿地的绝对优势植物种，且其形成的单一群落下芦苇生长状况最好，也是最稳定的，但也不排除其过熟化表现。因此保证芦苇群落的复杂性，也是防止芦苇群落过熟退化的有效途径。

3. 优化芦苇湿地恢复与经营管理模式

根据我们目前的调查，可以将银川平原芦苇湿地的恢复模式归结为以下几类：一是人工种植型——即人工挖湖以后，从沟道或其他湖泊引入芦苇栽植，如阅海湿地；二是保留芦苇孤岛型——即人工挖湖时留有片断芦苇群落，使其成为今后湿地芦苇群落恢复的“火种”；三是条带状开辟湖泊，保留大面积芦苇湿地模式，如鸣翠湖、简泉湖、清水湖等，根据湖泊用途，各自的开挖方式不同，有的缘边，有的在苇丛中做出水域廊道，等等。但是无论是哪种模式，在清淤挖湖时都采用大型挖掘机排水作业，都直接或间接影响到芦苇群落的生态环境。从防止芦苇群落退化的角度考察，应当尽可能地放在芦苇休眠季节，在半疏干的情形下机械作业；或者采用挖泥船疏浚航道。

在经营管理方面，要通过定位分区实验，优选合适的经营管理技术和模式，并进行多种模式措施的集成整合，如若要兼顾收割和过火两种方式，可进行高留茬与过火结合的复合措施实验；如若进行补水，则应当开展系统的湿地水量平衡、水质平衡、水盐平衡及补水季节、补水频次等方面的监测与评价，等等。通过经营管理方式的优化选择，使芦苇湿地生态系统达到相对稳定的状况，从而最大限度地扼制芦苇群落退化的局面。

4. 开辟宁夏芦苇资源利用的新途径

芦苇是有多种用途的资源植物，虽然其群落生态表现出一定的退化特征，生态效益近来下降明显，但开发芦苇的多种用途，不但能够使之发挥出更大的经济、社会和生态效应，而且可以调动人们保护和合理利用芦苇资源的积极性，促进芦苇群落修复工作的开展。

除造纸、景观绿化美化、渔业养殖等用途外，芦苇群落还是很好的牧草场。银川平原湿地芦苇草场平均鲜草产量为90t/hm^{2}左右，干重为37t/hm^{2}上下，是当地一般草甸草场的

10~15倍，因而有很强的载畜能力，可以作为肉牛、奶牛养殖的辅助饲料。据长江流域芦苇草场利用的经验，在拔节期收获一年可收2~3次，收获的牧草可通过青饲、青贮、调制干草、加工成草粉或颗粒配方饲料的方式加以利用(韩广 等。1998)。

有研究表明，芦苇湿地对农村养殖废水表现出很强的耐受力和根系活性(邓仕槐 等，2007)；在水体净化方面，芦苇是高效的净水植物，利用芦苇等水生植物净化污水是一项低成本高效益的生态工程技术。将芦苇群落引入农村环境综合整治中的农村生活污水净化利用，引入城镇污水的深度净化处理，都是今后芦苇资源利用的有效途径。此外，芦苇耐盐碱，本研究显示银川平原湿地土壤均呈碱性且含盐量较高，但并没有直接影响到芦苇的生长，因此可以采用生物法来降低土壤的盐碱。整体来看，在保证湿地功能不受损害的前提下，促进芦苇湿地资源由单级利用向多级利用、由生态型和生产型向效益型转化(刘树 等，2008)，建立复合型的湿地芦苇群落综合利用模式，是银川平原芦苇群落保护、恢复与可持续利用的出路。

5. 建立健全湿地保护制度、增强湿地保护意识并实现全民参与

建立多边环境保护利益关系，完善和健全相关的法律、法规，根据每个地区不同的退化现状及特征制定有效的管理和研究任务(刘伟平 等，2006)。同时，必须理顺管理方式，在行政区内成立专门机构，引进专门人才，制定科学的长期保护和发展规划，对现存湿地进行统一规划、管理和利用。设立湿地保护区或湿地公园，针对那些面积较大、资源较好、生态地位重要的湿地尽可能加强保护力度。目前，研究区域已经成立了比较完善的湿地管理专门机构，但由于起步晚，湿地的法律法规在实施过程中还存在一些问题，尚需不断完善。

此外，实现湿地的可持续利用必须依靠公众的支持和参与，其参与程度将决定可持续发展目标实现的进程(郑昕 等，2007；瞿佳佳 等，2007)。目前，尚有部分居民对湿地的重要性认识不够，生态环境保护意识还薄弱。因此，必须加大宣传和教育力度，提高人们，尤其是决策层对湿地生态环境功能的认识，强化公众的湿地保护意识；加强与保护区周围居民的沟通和交流，共同制定合理的湿地保护措施，实现湿地保护和可持续利用的公众参与。

三、讨论与结论

银川平原芦苇群落和种群退化问题目前非常突出，生境破坏是引起退化的直接原因，但根本原因则是人类不合理不科学的活动造成，如开挖使芦苇的地下根茎遭受破坏，灌水管理不科学导致芦苇生长受限，保护措施不科学造成芦苇群落退化更加严重，等等。芦苇有着发达的根茎，可起到稳固湖泊和河流堤岸的作用，根系层是鱼类生活繁衍的场所；地上部分是鸟类的栖息地，营造了良好的水上与水下生境，是湿地生态和生物多样性的建造者。与此同时，芦苇也是一种高度耐盐植物，适宜生长于持续淹水的环境，对地下水位较高的湿生环境也有很强的耐受力，可利用其生物排盐作用，降低水体的含盐量。芦苇地下根孔系统与苇地土壤微生物的综合作用体系可用于湿地改善水质，控制和消除水土污染。

银川平原芦苇湿地的修复必须遵循自然规律。首先应加强水资源的综合管理，保证芦苇湿地的水资源供给量和频次；第二要保持芦苇生态环境的相对稳定，同时优化管理模式，开辟芦苇资源利用途径。与此同时，要加强芦苇群落与种群的监测研究，开展其保护性利用的实验与示范，并通过宣教活动将成熟的湿地芦苇保护利用技术扩散出去，调动社会力量参与，走一条芦苇湿地资源保护与可持续利用的科学道路。

参考文献

白林波，石云. 2011. 基于3S的湿地景观格局动态变化研究——以银川平原为例[J]. 测绘与空间地理信息，34(06)：29-32.

毕作林，熊雄，路峰，等. 2007. 黄河三角洲湿地芦苇种群水深生态幅研究[J]. 山东林业科技，(04)：1-4.

陈芳清，Jean Marie Hartman. 2004. 退化湿地生态系统的生态恢复与管理——以美国Hackensack湿地保护区为例[J]. 自然资源学报，19(02)：217-223.

陈卫，胡东，付必谦，等. 2007. 北京湿地生物多样性研究[M]. 北京：科学出版社，20-23.

陈歆. 2005. 北固山湿地优势植物的光合作用特性及人工修复技术研究[D]. 镇江：江苏大学.

陈阳，王贺，郗金标，等. 2010. 盐渍生境下两种生态型芦苇的形态结构及矿质元素分布[J]. 土壤学报，(02)：334-340.

陈宜瑜，吕宪国. 2003. 湿地功能与湿地科学的研究方向[J]. 湿地科学，1(01)：7-11.

程杰. 2013. 论中国古代芦苇资源的自然分布、社会利用和文化反映[J]. 阅江学刊，(2)：129-133.

程志，何彤慧，郭亮华，等. 2010. 银川平原沟渠湿地高等植物群落结构初步研究[J]. 农业科学研究，31(03)：40-43.

崔保山，刘兴土. 1999. 湿地恢复研究综述[J]. 地球科学进展，14(04)：358-364.

崔保山，杨志峰. 2006. 湿地学[M]. 北京：北京师范大学出版社，72-92.

崔保山，赵欣胜，杨志峰，等. 2006. 黄河三角洲芦苇种群特征对水深环境梯度的响应[J]. 生态学报，26(05)：1533-1541.

崔丽娟，赵欣胜，张岩，等. 2011. 退化湿地生态系统恢复的相关理论问题[J]. 世界林业研究，24(02)：1-4.

单鱼洋. 2008. 不同盐度灌溉水对芦苇生长动态和生理特性的研究[D]. 兰州：甘肃农业大学.

邓春暖，章光新，潘响亮. 2012. 不同淹水周期对芦苇光合生理的影响机理[J]. 云南农业大学学报，27(05)：640-645.

邓春暖，章光新，潘响亮. 2012. 莫莫格湿地芦苇生理生态特征对水深梯度的响应[J]. 生态科学，31(04)：353-355.

邓仕槐，肖德林，李宏娟，等. 2007. 畜禽废水胁迫对芦苇生理特性的影响[J]. 农业环境科学学报，26(04)：1370-1374.

邓鑫，何彤慧，王茜茜，等. 2013. 银川平原休闲渔业消费人群初步调查[J]. 宁夏农林科技，54(03)：59-61，81.

丁蕾. 2015. 黄河口湿地芦苇生物量与固碳量高分辨率遥感估算研究[D]. 呼和浩特：内蒙古大学.

丁新华，黄金萍，顾伟，等. 扎龙湿地土壤养分与土壤微生物特性[J]. 东北林业大学学报，2011，39(4)：75-77.

段晓男，王效科，冯兆忠，等. 2004. 乌梁素海野生芦苇光合和蒸腾特性研究[J]. 干旱区地理，27(04)：637-641.

段晓男，王效科，欧阳志云，等. 2004. 乌梁素海野生芦苇群落生物量及影响因子分析[J]. 植物生态学报，28(02)：246－251.
佴磊，苏占东，徐丽娜，等.2012. 中国主要沼泽草炭土的形成环境及分布特征[J]. 吉林大学学报(地球科学版)，42(05)：1478－1484.
冯忠江，赵欣胜.2008. 黄河三角洲芦苇生物量空间变化环境解释[J]. 水土保持研究，15(03)：170－174.
付爱红，陈亚宁，李卫红.2002. 极端干旱区旱生芦苇叶水势变化及其影响因子研究[J]. 草业学报，21(03)：163－170.
盖平，鲍智娟，张结军.2002. 秦永发环境因素对芦苇地上部生物量影响的灰色分析[J]. 东北师大学报自然科学版，34(03)：87－91.
高桂在，介冬梅，刘利丹，等.2017. 长春南湖芦苇茎、叶植硅体随生长期和生境的变化特征[J]. 湖泊科学，29(01)：224－233.
贡璐，朱美玲，塔西甫拉提·特依拜，等.2014. 塔里木盆地南缘旱生芦苇生态特征与水盐因子关系[J]. 生态学报，34(10)：2509－2518.
古丽娜尔·哈里别克.2012. 于田绿洲土壤养分对芦苇生长的影响研究[D]. 新疆：新疆大学.
管博，栗云召，夏江宝，等.2014. 黄河三角洲不同水位梯度下芦苇植被生态特征及其与环境因子相关关系[J]. 生态学杂志，33(10)：2633－2639.
郭春秀，李发明，张莹花，等.2012. 河西走廊芦苇草地资源特征及其保护利用[J]. 草原与草坪，32(04)：93－96.
郭晓云，杨允菲，李建东.2003. 松嫩平原不同旱地生境芦苇的光合特性研究[J]. 草业学报，12(03)：17－21.
韩广，张桂芳.1998. 洞庭湖芦苇和荻的饲用潜力及开发利用[J]. 长江流域资源与环境，7(03)：232－236.
韩鹏，吴耿，吴勇泉，等.2011. 芦苇形态结构对黄河三角洲不同生境的响应[J]. 湿地科学，9(02)：185－190.
何彤慧，程志，张一峰，等. 2013. 银川平原沟渠植物多样性特征及影响因素[J]. 湿地科学，11(3)：352－358.
胡楚琦，刘金珂，王天弘，等.2015. 三种盐胁迫对互花米草和芦苇光合作用的影响[J]. 植物生态学报，39(01)：92－103.
姜化录，顾雁宾.1993. 白城市芦苇资源现状与开发利用[J]. 资源开发与市场，11(03)：136－137.
蒋炳兴.1993. 盐城市海涂芦苇资源的开发利用[J]. 海洋与海岸带开发，(04)：26－30.
瞿佳佳，骆高远. 2007. 浅析湿地公园的社区参与[J]. 湿地科学与管理，3(3)：54－57.
冷平生，杨晓红，胡悦，等.2000. 5 种园林树木的光合和蒸腾特性的研究[J]. 北京农学院学报，15(04)：15－17.
李炳玺，谢应忠，赖声渭，等.2005. 银川平原湿地维管植物区系研究[J]. 农业科学研究，26(04)：33－36.
李博.2010. 白洋淀湿地典型植被芦苇生长特性与生态服务功能研究[D]. 保定：河北大学.
李长明，叶小齐，吴明，等.2015. 水深及共存对芦苇和香蒲生长特征的影响[J]. 湿地科学，13(05)：609－615.
李春，周刊社，李晖.2008. 拉鲁湿地主要植物群落结构及物种多样性[J]. 西北植物学报，28(12)：2514－2520.
李东来，魏宏伟，孙兴海，等.2015. 震旦鸦雀在镶嵌型芦苇收割生境中的巢址选择. 生态学报，35(15)：5009－5017.
李建国，李贵宝，崔慧敏，等.2004. 白洋淀芦苇湿地退化及其保护研究[J]. 南水北调与水利科技，2

(03)：35－38.
李萍萍，陈歆，付为国.2005. 北固山湿地芦苇光合作用及其与环境的关系[J]. 江苏大学学报(自然科学版)，26(04)，337－33.
李荣平，刘晓梅，周广胜.2006. 盘锦湿地芦苇物候特征及其对气候变化的响应[J]. 气象与环境学报，22(04)：30－34.
李献宇，朱博.2006. 大庆市盐碱化土地治理对策初探[J]. 牡丹江师范学院学报，32(03)：33－35.
李晓宇，刘兴土，李秀军，等.2015. 不同干湿交替频率对芦苇生长和生理的影响[J]. 草业学报，24(03)：99－107.
李玉文，毛丰.2011. 扎龙湿地水因子对芦苇生物量的影响[J]. 内蒙古科技与经济，5(09)：67－68.
李愈哲，尹昕，魏维，等.2010. 乡土植物芦苇对外来入侵植物加拿大一枝黄花的抵制作用[J]. 生态学报，30(02)：6881－6891.
李志锋.2004. 基于3S技术的湿地生态环境质量评价——以野鸭湖湿地为例[D]. 北京：首都师范大学.
梁漱玉，刘树.2005. 不同收割方式对芦苇生长发育的影响[J]. 沈阳农业大学学报，36(03)：343－345.
梁应林，向清华，张定红.1999. 光照强度和温度对紫羊茅分蘖的影响[J]. 草业与畜牧，(02)：31－33.
林文芳，陈林娇，朱学艺.2007. 用分子标记技术分析不同生态型芦苇的遗传多样性[J]. 植物生理与分子生物学学报，33(01)：77－84.
刘海军.2009. 洞庭湖湿地芦苇保护和开发利用的思考[J]. 纸和造纸，28(09)：6－7.
刘怀攀，陈龙，张承烈.2002. 渗透胁迫对芦苇愈伤组织保护酶活性及同工酶的影响[J]. 周口师范高等专科学校学报，19(02)：52－55.
刘怀攀，陈龙，张承烈，等.2002. 渗透胁迫和外源ABA对芦苇愈伤组织中3种保护酶活性的影响[J]. 植物生理学通讯，38(01)：27－29.
刘金文，沙伟.2004. 芦苇的起源、扩张与衰退[J]. 贵州科学，22(02)：65－69.
刘秋华.2013. 收割对于湖滨湿地芦苇生长与氮磷去除的影响[D]. 南京：南京林业大学.
刘树，梁漱玉.2008. 芦苇湿地土壤有机质含量对芦苇产能的影响研究[J]. 现代农业科技，(07)：232－234.
刘素华，于长斌.2012. 芦苇湿地综合开发利用与示范研究[J]. 现代农业，2012，(04)：92－93.
刘卫国，邹杰. 2014. 水盐梯度下克里雅河流域芦苇光合响应特征[J]. 西北植物学报，34(3)：572－580.
刘伟平，阮云秋，张健华，等. 2006. 湿地保护调查与立法思考[J]. 湿地科学与管理，2(1)：26－29.
刘玉，王国祥，潘国权.2008. 地下水位对芦苇叶片生理特征的影响[J]. 生态与农村环境学报，24(04)：53－56，62.
鲁娟，刘增洪，司永兵，等.2007. 芦苇的特性、开发利用及其防除方法[J]. 杂草科学，(03)：7－8，24.
路峰，毕作林，谭学界.2007. 黄河三角洲芦苇湿地恢复评价[J]. 山东林业科技，(02)：52－54.
罗先香，敦萌，闫琴. 2011. 黄河口湿地土壤磷素动态分布特征及其影响因素[J]. 水土保持学报，25(5)：154－160.
马德滋，刘惠.1986. 宁夏植物志[M]. 银川：宁夏人民出版社.
马华，陈秀芝，潘卉，等.2013. 持续收割对上海九段沙湿地芦苇生长特征、生物量和土壤全氮含量的影响[J]. 生态与农村环境学报，29(02)：209－213.
马利.2008. 基于数学挖掘的聚类分析和传统聚类分析的对比研究[J]. 数学医药学杂志，21(05)：530－531.
马献发，张继舟，宋凤斌.2011. 植物耐盐的生理生态适应性研究进展[J]. 科技导报，29(14)：76－79.
马赟花，张铜会，刘新平.2013. 半干旱区沙地芦苇对浅水位变化的生理生态响应[J]. 生态学报，33

(21)：6984－6991.
《宁夏水利志》编纂委员会. 1992. 宁夏水利志[M]. 银川：宁夏人民出版社，362－363.
彭少麟，任海，张倩媚. 2003. 退化湿地生态系统恢复的一些理论问题[J]. 应用生态学报，14(11)：2026－2030.
浦铜良，程佑发，张承烈. 2000. 沙丘芦苇特有一小分子化合物及其对叶绿体的逆境保护效应[J]. 科学通报，45(12)：1308－1313.
戚志伟，姜楠，高艳娜，等. 2016. 崇明岛东滩湿地芦苇光合用作对土壤水盐因子的响应[J]. 湿地科学，14(04)：538－545.
祁秋艳，杨淑慧，仲启铖，等. 2012. 崇明东滩芦苇光合特征对模拟增温的响应[J]. 华东师范大学学报(自然科学版)，(06)：1－10.
祁如英，赵隆香，朱保文，等. 2011. 青海诺木洪地区芦苇物候现象变化规律分析[J]. 青海气象，(02)：63－67.
旗河，郭振斡，韩立新，等. 2012. 芦苇二次刈割研究[J]. 内蒙古草业，24(3)：1，6.
邱天，鞠淼，徐嘉咛，等. 2013. 芦苇生长与物质生产对盐碱胁迫的可塑性响应[J]. 东北师大学报，145(01)：109－110.
任东涛，张承烈，陈国仓，等. 1994. 芦苇生态型划分指标的主分量及模糊聚类分析[J]. 生态学报，14(03)：266－273.
邵伟庚，韩勤，刘新宇，等. 2012. 扎龙湿地芦苇对火烧的生态响应[J]. 防护林科技，5(03)：58－60.
申卫博，刘云鹏，郑纪勇，等. 2012. 毛乌素退化湿地土壤生源要素垂直分布特征[J]. 水土保持学报. 26(5)：220－223.
舒展. 2010. 火烧与缺水对扎龙湿地植被群落的影响[J]. 环境科学与管理，35(1)：135－139.
苏雨洁. 2010. 苇田灌溉原理及灌溉制度[J]. 现代农业，9：69－72.
孙标，杨志岩，赵胜男. 2016. 8个时期哈素海芦苇群落扩张状况及其原因分析[J]. 湿地科学，14(06)：931 － 935.
孙博，解建仓，汪妮，等. 2012. 芦苇对盐碱地盐分富集及改良效应的影响[J]. 水土保持学报，26(03)：92－101.
孙灿，蔡永立，刘志国，等. 2010. 浙江天童亚热带常绿阔叶林栲树叶片发育动态[J]. 生态与农村环境学报，26(03)：215－219.
孙文广，孙志高，孙景宽，等. 2015. 黄河口芦苇湿地不同恢复阶段种群生态特征[J]. 生态学报，35(17)：5804－5812.
孙祥武，于福庆，张家成. 2006. 氮磷钾养分对水稻分蘖的影响[J]. 农业与技术，(06)：62－63.
孙勇，邓昶身，鲁长虎. 2014. 芦苇收割对太湖国家湿地公园冬季鸟类多样性和空间分布的影响[J]. 湿地科学，12(06)：297－702.
谭学界，赵欣胜. 2006. 水深梯度下湿地植被空间分布与生态适应[J]. 生态学杂志，25(12)：1460－1464.
唐龙. 2008. 刈割、淹水及芦苇替代综合控制互花米草的生态学机理研究[D]. 上海：复旦大学.
唐娜，崔保山，赵欣胜. 2006. 黄河三角洲芦苇湿地的恢复[J]. 生态学报，26(08)：2617－2624.
陶方玲，梁广文，庞雄飞. 1995. 模糊聚类分析法及其在群落聚类分析中的应用[J]. 生态学报，(06)：59－65.
田文达. 2007. 芦苇湿地与环境[J]. 现代农业科技，23：213－214.
王伯荪. 1989. 植物种群学[M]. 广州：中山大学出版社，115－120.
王丹，张银龙，庞博，等. 2010. 苏州太湖湿地芦苇生物量与水深的动态特征研究[J]. 环境污染与防治，32(07)：49－53.

王国生，黄溪水，钟玉书. 1989. 芦苇产量与植株吸收氮磷钾比例关系的研究[J]. 辽宁农业科学，(01)：32－35.

王洪亮，张承烈. 1993. 河西走廊不同生态型芦苇质膜特性的比较研究[J]. 植物学报，35 (07)：533－554.

王洪禄，王秋兵. 2006. 芦苇沼泽湿地开发为稻田前后生态系统服务价值对比研究——以丹东鸭绿江口湿地国家级自然保护区为例[J]. 中国农学通报，22(02)：348－352.

王俊刚，陈国仓，张承烈. 2002. 水分胁迫对2种生态型芦苇(Phragm ites communis)的可溶性蛋白含量、SOD、POD、CAT活性的影响[J]. 西北植物学报，22(03)：561－565.

王立志，王春艳，李忠杰，等. 2009. 黑龙江水稻冷害Ⅳ分蘖期低温对水稻分蘖的影响[J]. 黑龙江农业科学，(04)：18－20.

王 萌，王玉彬，陈章和. 2010. 芦苇的种质资源及在人工湿地中的应用[J]. 应用与环境生物学报，16 (04)：590－595.

王铁良，苏芳莉，张爽，等. 2008. 盐胁迫对芦苇和香蒲生理特性的影响[J]. 沈阳农业大学学报，39 (04)：499－501.

王为东，王大力，尹澄清，等. 2001. 芦苇型湿地生态系统的潜水水质状态研究[J]. 生态学报，21(06)：919－923.

王蔚，崔素霞，杨国仁，等. 2003. 两种生态型芦苇胚性悬浮培养物对渗透胁迫的生理响应—Ⅱ. 抗氧化酶类活性的变化[J]. 西北植物学报，23(02)：224－228.

王蔚，崔素霞，杨国仁，等. 2003. 两种生态型芦苇胚性悬浮培养物对渗透胁迫的响应—Ⅰ. 生长及渗透调节物质的变化[J]. 西北植物学报，23(01)：1－5.

王雪宏，佟守正，吕宪国. 2008. 半干旱区湿地芦苇种群生态特征动态变化研究——以莫莫格湿地为例[J]. 湿地科学，6(03)：386－391.

王永杰，邓伟. 2005. 扎龙湿地芦苇恢复与生态补水分析[J]. 林业调查规划，30(05)：27－30.

王勇，王康，小岛纪德. 2009. 固沙植被多功能高分子复合材料对沙土物理性状的影响[J]. 水土保持学报，23(01)，142－144.

吴洁婷. 2011. 湿生芦苇根际微生物群落结构与功能研究[D]. 黑龙江：哈尔滨工业大学.

吴立新. 2011. 黄河三角洲湿地恢复效果观察[J]. 科技创新导报，(12)：96－97.

吴统贵，李艳红，吴明，等. 2009. 芦苇光合生理特性动态变化及其影响因子分析[J]. 西北植物学报，29(04)：0789－0794.

吴统贵，吴明，虞木奎，等. 2010. 杭州湾滨海湿地芦苇生物量及N、P储量动态变化[J]. 中国环境科学，30(10)：1408－1412.

吴玉辉，李凤翥，徐维骝. 2005. 稻草制浆造纸废水对芦苇生长的影响[J]. 纸和造纸，2：73－74.

夏宝池，张明栋，顾宝玉，等. 1995. 江苏海涂苇田芦毒蛾的生态控制[J]. 植物资源与环境学报，(04)：49－52.

肖德林. 2007. 畜禽废水胁迫对芦苇生理特性的影响[D]. 四川：四川农业大学.

肖辉林. 1999. 气候变化与土壤有机质的关系[J]. 土壤与环境，8(4)：300－304.

肖燕，汤俊兵，安树青. 2011. 芦苇、互花米草的生长和繁殖对盐分胁迫的响应[J]. 生态学杂志，30 (02)：267－272.

谢涛，杨志峰. 2009. 黄河三角洲芦苇湿地土壤水分安全阈值[J]. 水科学进展，20(05)：683－688.

谢涛，杨志峰. 2009. 水分胁迫对黄河三角洲河口湿地芦苇光合参数的影响[J]. 应用生态学报，20(03)：562－568.

熊李虎，吴翔，高伟. 2007. 芦苇收割对震旦鸦雀觅食活动的影响[J]. 动物学杂志，42(06)：41－47.

徐海量，宋郁东，王强. 2004. 塔里木河中下游地区不同地下水位对植被的影响[J]. 植物生态学报，28

(03)：400 - 405.
徐明喜 . 2011. 收割对于湖滨湿地芦苇生长及土壤酶活性的影响[D]. 南京：南京林业大学硕士论文 .
许秀丽，张奇，李云良，等 . 2014. 鄱阳湖洲滩芦苇种群特征及其与淹水深度和地下水埋深的关系[J]. 湿地科学，12(06)：714 - 722.
杨帆，邓伟，杨建锋，等 . 2006. 土壤含水量和电导率对芦苇生长和种群分布的影响[J]. 水土保持学报，20(04)，200 - 201.
杨富亿 . 1997. 芦苇湿地鱼—苇生态开发试验[J]. 水利渔业，(06)：8 - 11.
杨国柱，洪军，尚永成 . 1994. 柴达木地区芦苇草地的保护、培育和合理利用[J]. 中国草地，(05)：58 - 61.
杨文成 . 1995. 芦苇锈病及其防治[J]. 湖北农业科学，(5)：49 - 50.
杨晓东，傅德平，袁月，等 . 2010. 新疆艾比湖湿地自然保护区主要植物的种间关系[J]. 干旱区研究，27(02)：249 - 256.
杨晓杰，佟守正，李旭业，等 . 2012. 扎龙湿地芦苇群落生长特征对水深梯度变化的响应[J]. 东北林业大学学报，40(12)：68 - 70.
杨允菲，李建东 . 2001. 东北草原羊草种群单穗数量性状的生态可塑性[J]. 生态学报，21(05)：75 - 758.
杨允菲，李建东 . 2003.. 松嫩平原不同生境芦苇种群分株的生物量分配与生长分析[J]. 应用生态学报，14(01)：30 - 34.
尹澄清. 1995. 内陆水—陆交错带的生态功能及其保护与开发前景[J]. 生态学报，15(3)：331 - 335.
于文胜，王远飞，梁玉，等 . 2011. 黄河三角洲湿地植被演替规律及生态修复效果研究[J]. 山东林业科技，(02)：31 - 34.
袁美强. 1994. 综合治理消灭芦滩钉螺的效果观察[J]. 中国血吸虫病防治杂志，6(1)：38 - 39.
袁月，傅德平，吕光辉 . 2008. 新疆艾比湖湿地自然保护区主要植物的种间关系研究[J]. 湿地科学，6(04)：486 - 491.
张爱勤，高美玲，赵宏 . 2005. 扎龙湿地芦苇生长与水因子关系的研究[J]. 黑龙江环境通报，(04)：29 - 30.
张爱勤，祁宏英，王吉娜 . 2006. 湿地土壤因子与芦苇长势的灰色关联度分析[J]. 国土与自然资源研究，(03)：65 - 66.
张承烈，陈国仓 . 1991. 河西走廊不同生态型芦苇的气体交换特点的研究[J]. 生态学报，11(03)：250 - 255.
张峰举，王菊兰，何文寿，等 . 2010. 宁夏不同土壤类型日光温室土壤理化性质的变化特点[J]. 河南农业科学，(07)：45 - 48.
张宏斌，孟好军，刘贤德，等 . 2012. 黑河流域中游水陆交错带湿地芦苇种群动态变化特征[J]. 生态科学，31(05)：501 - 505.
张佳蕊，张海燕，陆健健 . 2013. 长江口淡水潮滩芦苇地上与地下部分月生物量变化比较研究[J]. 湿地科学，11(01)：7 - 12.
张剑 . 2005. 松嫩草甸水淹恢复演替系列群落芦苇种群的生态可塑性研究[D]. 吉林：东北师范大学 .
张金屯 . 1995. 植被数量生态学方法[M]. 北京：中国科学技术出版社，79 - 86.
张金屯，焦蓉 . 2003. 关帝山神尾沟森林群落木本植物种间联结性与相关性研究[J]. 植物研究，23(04)：458 - 463.
张玲，李广贺，张旭，等 . 2005. 滇池人工湿地的植物群落学特征研究[J]. 长江流域资源与环境，(09)：572 - 573.
张晴雯，杨正礼，罗良国，等. 2011. 宁夏灌区湿地沉积物营养盐和重金属垂向分布特征[J]. 水土保持

学报，25(1)：74－80
张全军，于秀波，钱建鑫，等. 2012. 鄱阳湖南矶湿地优势植物群落及土壤有机质和营养元素分布特征[J]. 生态学报，32(12)：3656－3669.
张淑萍，王仁卿，张治国，等. 2003. 黄河下游湿地芦苇形态变异研究[J]. 植物生态学报，27(01)：78－85.
张爽，郭成久，苏芳莉，等. 2008. 不同盐度水灌溉对芦苇生长的影响[J]. 沈阳农业大学学报，39(01)：65－68.
张希画，郝迎东. 2008. 黄河三角洲芦苇适宜水深的研究[J]. 中国高新技术企业，(12)：112－117.
张艳琳. 2009. 植物耐盐生理及分子机制的研究[J]. 安徽农业科学，37(26)：12399－12400，12402.
张永泽，王垣. 2001. 自然湿地生态恢复综述[J]. 生态学报，(02)：309－314.
张友民，刘兴土，肖洪兴，等. 2003. 三江平原芦苇湿地植物多样性的初步研究[J]. 吉林农业大学学报，(01)：58－61.
张友民，王立军，曲同宝，等. 2005. 芦苇资源的生态管理与芦苇的高产培育[J]. 吉林农业大学学报，27(03)：280－283.
张玉峰，张娟红，孙晓波. 2012. 基于表型分析的银川平原芦苇种群生长动态研究[J]. 宁夏农林科技，53(07)：1－4.
张征坤. 2012. 土壤水分对不同树种光合作用日动态过程的影响[D]. 山东：山东农业大学.
赵可夫，冯立田，张圣强. 2000. 黄河三角洲不同生态型芦苇对盐度适应生理的研究[J]. 生态学报，18(05)：456－496.
赵明，李少昆，王美云. 1997. 田间不同条件下玉米叶片的气孔阻力及与光合、蒸腾作用的关系[J]. 应用生态学报，8(05)B：481－485.
赵平，葛振鸣，王天厚，等. 2005. 崇明东滩芦苇的生态特征及其演替过程的分析[J]. 华东师范大学学报，(03)：99－112.
赵文智，常学礼，李启森，等. 2003. 荒漠绿洲区芦苇种群构件生物量与地下水埋深关系[J]. 生态学报，23(06)：1138－1146.
赵亚杰，张建霞. 2015. 黄河三角洲湿地恢复区芦苇复壮[J]. 山东林业科技，(6)：66－68.
赵永全，何彤慧，程志，等. 2013. 银川平原湿地常见植物种间关系研究[J]. 干旱区研究，30(05)：838－844.
赵永全，何彤慧，夏贵菊，等. 2015. 不同控水条件下芦苇生长与光合特征研究[J]. 西北林学院学报，30(01)：69－74.
郑昕，马建章. 2007. 扎龙国家级自然保护区游客客源特征调查分析[J]. 森林工程，23(2)：1－5.
郑学平，张承烈，陈国仓. 1993. 河西走廊芦苇的光合碳同化途径对生境条件的适应[J]. 植物生态学与地植物学学报，17(01)：1－8.
中国湿地植被编辑委员会. 1999. 中国湿地植被[M]. 北京：科学出版社，174－180.
钟诚，何宗宜，刘淑珍. 2005. 西藏生态环境稳定性评价研究[J]. 地理学，25(05)：573－578.
仲启铖，王江涛，周剑虹，等. 2014. 水位调控对崇明东滩围垦区滩涂湿地芦苇和白茅光合、形态及生长的影响[J]. 应用生态学报，25(02)：408－418.
周道玮，张宝田，祝玲. 1995. 松嫩草原不同时间火烧后植物个体特征变化分析[J]. 应用生态学报，(03)：271－276.
周进，Tachibana H，李伟，等. 2001. 受损湿地植被的恢复与重建研究进展[J]. 植物生态学报，21(05)：561－572.
朱学艺，王锁民，张承烈. 2003. 河西走廊不同生态型芦苇对干旱和盐渍胁迫的响应调节[J]. 植物生理学通讯，39(4)：371－376.

庄瑶.2011. 土壤盐度对芦苇形态特征的影响以及构造湿地中芦苇的应用潜力[D]. 南京：南京大学学院.

庄瑶，孙一香，王中生，等.2010. 芦苇生态型研究进展[J]. 生态学报，30(08)：2173-2181.

邹红菲、吴庆明、马建章.2003. 扎龙保护区火烧及湿地注水后丹顶鹤巢址选择[J]. 东北师大学报自然科学版，35(01)：54-59.

André Mauchamp, Francois Mé sleard. 2001. Salt tolerance in Phragmites australis populations from coastal Mediterranean marshes[J]. Aquatic Botany, (70): 39-52.

Chambers R M, Mcyerson L A, Saltonatall K. 1999. Expansion of Phragmites australis into tidal wetlands of north America[J]. Aquatic Botany, 64(03/04): 261-273.

Chambers R M, Mozdzer, et al. 1998. Effects of salinity and sulfide on the distribution of sand Spartina alterniflora in a tidal salt marsh[J]. Aquat . Bot, 62: 161-169.

CHENG Guodong, XIAO Duning, Wang Genxu. 2000. Gharacteristics And Constuction of Landscape Ecoloty In Arid Regions[J]. Chinese Geographical Science, 10(1): 13-19.

CHEN Yiyu, LV Xianguo. 2003. The wetland function and research tendency of wetland science[J]. wetland science, 1(01): 7-11.

Chinese Wetland Vegetation's Commission. 1999. Wetland Vegetation in China[M]. Beijing: Science Press, 174-180.

Chinese Wetland Vegetations Commission. 1999. Wetland Vegetation in China[M]. Beijing: Science Press, 174-180.

Chun Y, Choi Y D. 2009. Expansion of Phragmites australis (Cav.) Trin. ex Steud. (Common Reed) into Typhaspp[J]. (Cattail) wetlands in northwestern Indiana, USA. Journal of Plant Biology, 52: 220-228

Clevering O A. 1998. Effects of litter accumulation and water table on morphology and productivity of Phragmites australis[J]. Wetlands Ecology and Management, 5(03): 275-287.

Clevering O A, Brix H, Lukavska J. 2001. Geographic variation in growth responses in Phragmites australis[J]. Aquatic Botany, 69(2/4): 89-108.

Clevering O A , Lissner Jorgen, chromosome numbers, et al. 1998. Clonal diversity and population dynamics of phragmites australis[J]. Aquatic Bot, 62: 161-169.

Coops H, van den Brink F W B, van den Velde G. 1996. Growth and morphological responses of four helophytes species in an experimental water-depth gradient[J]. Aquatic Botany, 54(1): 11-24.

Deegan B M, White S D, Ganf G G. 2007. The influence of water level fluctuations on the growth of four emergent macrophyte species[J]. Aquatic Botany, 86(4): 309-315.

different ecotypes of reed (Phragmites communis Trin) by molecular marker techniques[J]. Journal of Plant Physiology and Molecular Biology, 33(01): 77-84.

Elizaleth A L, Kristin S L. 2002. Paleoecological and genetic analysis provide evidence for recent colonization of native Phragnites australis populations in a lake superior wetland[J]. Wetlands, 22(04): 637-646.

Gallopin G C. 1995. The potential of agroecosystem health as a guiding concept for agricultural research[J]. Ecosystem Health, (01): 129-141.

Gorenflot R, Raicu P, Cartier. 1972. Le complexe polyploid du Pragmitis communis Trin. [M]. CR Acad Sci Paris274, Serie D, 1501-1504.

Haslam S M. 1972. Biological flora of the British Isles [J]. Phragmites australis . Trin . Ecol, 60: 585-610.

Hayball N, Pearce M. 2004. Influences of simulated grazing and water depth on the growth of juvenile *Bolboschoenus caldwellii*, *Phragmites australis* and *Schoenoplectus validus* plants[J]. Aquatic Botany, 78 (03): 233-242.

Hellings S E, Gallagher J L. 1992. The effects of salinity and flooding

Hendrik Poorter. 1989. Plant growth analysis: Towards a synthesis of the classical and the functional approach[J]. Physiologia Plantarum, 75(2) : 237 -244.

Hermans C, Hammond J P, White P J, et al. , 2006. How do plants respond to nutrient shortage by biomass allocation? [J] . Trends in Plant Science, 11(12): 610 -617.

Hurlimann H, Zur. 1951. Lebensgeschishe des Schilfs an den der Schweizer seen[C]. Beitr. Geobot. Landesaufun. Schweiz, 30: 1 -232.

Jane R. 2000. Changes in Phragmites australis in South-Eastern Australia: A habitat assessment[J]. Falia Geobotanica, 35: 353 -362.

Karunaratne S, Asaeda T, Yutani K. 2003. Growth performance of *Phragmites australis* in Japan: influence of geographic gradient[J]. *Environmental and Experimental Botany*, 50(01): 51 -66.

K. Kikuzawa. 1995. Leaf Phenology as an Optimal Straegy for Carbon Gain in Plants[J]. Canadian Journal of Botany, 73(02): 158 -163.

KM Kettenring, KE Mock, B Zaman, et al. 2016. Life on the edge: reproductive mode and rate of invasive Phrogmites australis patch expansion[J]. Biological Invasions, 18(9): 1 -21.

Koerselman W, Meuleman A F M. 1996. The vegetation N: P ratio: A new tool to detect the nature of nutrient limitation[J]. Journal of Applied Ecology, (33): 1441 -1450.

Kristin Saltonstall. 1999. Cryptic invasion by a non - native genotype of the common reed, phragmites australis, into North Americal[M]. Proc. Natl. Acsd. Sci. USA, 2445 -2449.

Legendre L, Legendre P. 1998. Numerical Ecology[M]. Amserdam: Elsevier Science, 194 -198.

Lepš J, Šmilauer P. 2003. Multivariate Analysis of Ecological Data Using CANOCO[M]. Cambridge: Cambridge University Press

LI Jianguo, LI Guibao, LIU Fang, et al. 2004. Reed resource and its ecological function and utilization in Baiyangdian Lake[J]. South-to-North Water Transfers and Water Science and Technology, 2(05): 37 -40.

Lin W F, Chen L J, Zhu X Y. 2007. An analysis of genetic diversity of Lippert, I. , Rolletschek, H. , Kühl, H. et al. 1999. Internal and external nutrient cycles in stands of Phragmites australis - a model for two ecotypes [J]. Hydrobiologia, 408: 343 - 348.

Lisa Tewksbury, Richard Casagrande, Bernd Biossey, et al. 2001. Potential for Biological Control of America. Biological Control, 23(02): 191 -212.

LUO Wenbao, XIE Yonghong. 2009. Growth and morphological responses to water level and nutrient supply in three emergent macrophyte species[J]. *Hydrobiologia*, 24 (1): 151 -160.

Macain J. 1983. Catalogue of Canadian Plants Partl: polypetale Canadian Geologial Survey[M]. Hardpress Publishing.

Mack R N. 1996. Predicting the identity and fate of invaders: emergent and emerging approaches[J]. Biol. Cons. , 78: 107 -121.

Mckee J, Richards A J. 1996. Variation in seed production and germinability in common reed (*Phragmites australis*) in Britain and France with respect to climate[J]. New Phytologist, 133(02): 233 -243.

M Stephen Ailstock, C Michael Norman, Paul J. 2001. Bushmann. Common Reed Phragmites australis: Control and Effects Upon Biodiversity in Freshwater Nontidal Wetlands[J]. Restoration Ecology, 9(01): 49 -59.

on Phragamites australis[J]. Journal of applied Ecology, 29: 41 -49.

Pauca-Comanescu M, Clevering O A, Hanganu J, et al. 1999. Phenotypic differences among ploidy levels of Phragmites australis growing inRomania. Aquatic Botany[J], 64(3/4): 223 -234.

Pei Huafu, Hong Biyin. 2010. Logistics Enter Evaluation Model Based On Fuzzuy Cluster Analysis[C]. International Conference on Services Science, Management and Engineering, 384 – 387.

PENG Yulan, TU Weiguo, BAO Weikai, et al. 2008. Aboveground Biomass Allocation and Growth of *Phragmites australis* Ramets at Four Water Depths in theJiu zhai gou Nature Reserve, China[J]. Chin J Appl Environ Biol, 14(02): 153 – 157.

Randolph M. Chambers, Laura A. Meyerson. 1999. Expansion of phragmites australis into North America[M]. Proc. Natl. Acad. Sci. USA, 261 – 273.

Reich P B, Wright I J, Cavender-Bares J, et al. 2003. The evolution of plant functional variation: Traits, spectra, and strategies[J]. International Journal of Plant Sciences, (164): 143 – 164.

Riis T, Hawes I. 2002. Relationships between water level fluctuations and vegetations diversity in shallow water of New Zealand lakes[J]. Aquatic Botany, 74: 133 – 148.

Rodewald – Rudescu, L. 1974. Das Schilfrohr: Phragmites communis Trinius. E. Scweiterbartsche Verlagbuchhanlung[M]. Stuttgart, Germany, 294.

Ruzi M, Velasco J. 2010. Nutrient bioaccumulation in *Phragmites australis*: Management tool for reduction of pollution in the Mar Menor[J]. *Water, Air, and Soil Pollution*, (205): 173 – 185.

Shamal C D, Norio T. 2007. The effects of breaking or bending the stems of two rhizomatous plants, Phragmites australis and Miscanthus sauhariflorus, on their communites [J]. Landscape and Ecological Engineering, 3: 131 – 141.

Timmermann T, Margoczi K, Takacs G, et al. 2006. Restoration of peat – forming vegetation by rewetting species-poor fen grasslands[J]. *Applied Vegetation Science*, (09): 241 – 250.

Turesson G. 1992. The species and the variety as ecological units[J]. Hereditas, 3(01): 100 – 113.

Venterink H O, Wassen M J, Verkroost A W M, et al. 2003. Species richness production patterns differ between N, P and K limited wetlands[J]. Ecology, 84: 2191 – 2199.

Vretare V, Weisner SEB, Strand JA, et al. 2001. Phenotypic plasticity in *Phragmites australis* as a functional response to water depth[J]. *Aquatic Botany*, 69(2 – 4): 127 – 146.

Waisel Y. 1972. Biology of Halophytes[M]. Aademic Press. London, 302 – 303.

Wassen M J, Olde Venterink H G M, Swaet E O A M de. 1995. Nutrient concentrations in mire vegetation as a measure of nutrient limitation in mire ecosystems[J]. Journal of Vegetation Science, 6: 5 – 16.

Weisner SEB, Strand JA. 1996. Rhizome architecture in *Phragmites australis* in relation to water depth: Implications for within-plant oxygen transport distances[J]. *Folia Geobotanica*, 31(01): 91 – 97.

附图 1：银川平原湿地芦苇监测与实验研究背景

1-1 银川平原退化湿地芦苇

1-2 芦苇湿地资源保护利用的社会调查

附图 2: 常用仪器设备、工具耗材等

2-1 湿地实验装备

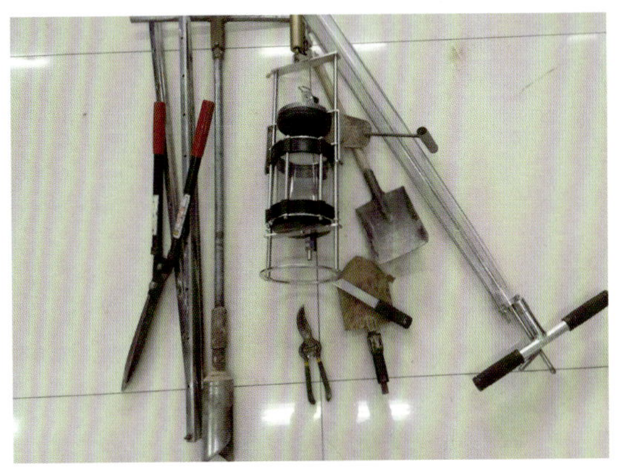

2-2 采样工具

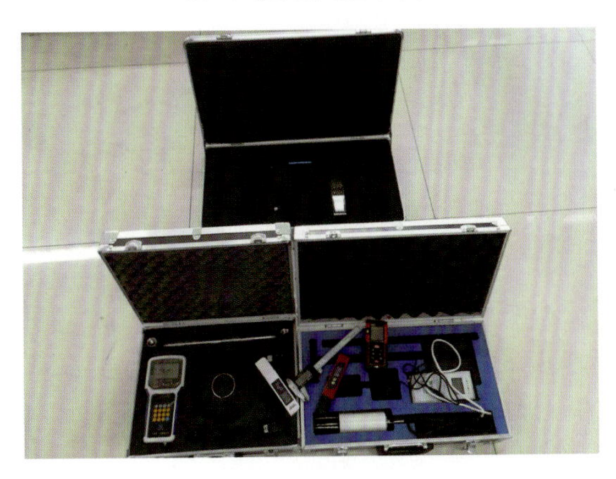

2-3 速测仪器

2-4 分析处理设备

附图 3: 冬季选点及样地处理

3-1 冰上留茬实验

3-2 冰上对照样地

3-3 火烧处理样地

附图 4: 定点连续监测

4-1 芦苇春季萌发状况

4-2 春季实验——测定水分和地温

4-3 群落生长状况调查

附图 5: 定点连续监测（之二）

5-1 样地定期监测

5-2 采用标准枝法测定生物量

4-3 群落生长状况调查

附图 6: 区域湿地芦苇群落跨年度监测

6-1 2011 年的艾依河芦苇样地

6-2 2013 年的艾依河芦苇样地

6-3 2011 年兴庆湖样地

6-4 2013 年兴庆湖样地

附图 7: 区域湿地芦苇群落综合调查

7-1 P2 型芦苇调查取样

7-2 黄河洪泛平原取样（示盐生芦苇草甸景观）

7-3 宁夏沙湖的丛状芦苇

附图 8: 栽培实验过程

8-1 采集芦苇的地下根茎

8-2 获取芦苇生长的原位土

8-3 芦苇栽培后的萌发状况

附图 9: 栽培实验内容

9-1 栽培芦苇的定期监测

9-2 栽培芦苇测光合

9-3 栽培芦苇洗根实验

附图 10: 典型湿地的芦苇生长状况

10-1 旺盛生长期的芦苇

10-2 进入抽穗期

10-3 芦苇的分蘖生长

10-4 芦苇茎秆基部的不定根

10-5 芦苇的横走茎

附图 11: 人类活动对芦苇湿地的影响

11-1 排水施工致使附近芦苇群落严重退化

11-2 开挖鱼塘后的芦苇沼泽

11-3 用于消除芦苇的农药外包装

11-4 因人为疏干而死亡的沼泽芦苇

附图 12: 湿地芦苇资源的保护利用

12-1 收割芦苇的养牛户

12-2 苇地牧羊

12-3 鸟类乐园